青少年科普故事系列

趣味建筑科学故事

周爱农 主编

西北工業大學出版社

图书在版编目(CIP)数据

趣味建筑科学故事/周爱农主编.—西安:西北工业大学出版社,2013.3(2015.5 重印)
(青少年科普故事系列)
ISBN 978-7-5612-3641-3

Ⅰ.①趣… Ⅱ.①周… Ⅲ.①建筑学—青年读物 ②建筑学—少年读物 Ⅳ.①TU—49

中国版本图书馆 CIP 数据核字(2013)第 062145 号

青少年科普故事系列·趣味建筑科学故事 周爱农 主编

出版发行:西北工业大学出版社
通信地址:西安市友谊西路 127 号 邮编:710072
电　　话:(029)88493844 88491757
网　　址:www.nwpup.com
印　　刷:陕西宝石兰印务有限责任公司
开　　本:710mm×1 000mm 1/16
印　　张:10
字　　数:146 千字
版　　次:2013 年 10 月第 1 版 2015 年 5 月第 2 次印刷
定　　价:20.00 元

前　　言

建筑，就是人们用泥土、石材、木材、砖、瓦等建筑材料搭建的一种供人们居住和使用的物体，如住宅、体育馆、桥梁等。有人说：上帝一次性给出了木头、石头、泥土和茅草，其他的一切都是人类的智慧创作，劳作而成……这就是建筑。建筑是人类文化的纪念碑，是凝固的音乐，是无言的史诗。建筑浓缩了人类对物质的驾驭能力，沉淀着社会的政治文化，更凝结着艺术家智慧的结晶。古今中外，从中国的万里长城到“鸟巢”国家体育场，从埃及的金字塔到法国的凯旋门，从古巴比伦的空中花园到未来世界的太空酒店……人类的建筑历史经历了几千年的发展变化。这些建筑诉说着不同历史时期人类传奇的建筑梦想，更表达着建筑设计大师独特的建筑理念。

建筑，是人类几千年来创造的灿烂文明成果之一，是人类智慧的结晶，其独特的魅力深深地让世人折服。为了让更多的青少年读者认识建筑，了解建筑，理解建筑中所呈现的建筑大师的思想，以及未来世界的建筑会是以什么样的形态出现在我们的生活中，我们精心编纂了《趣味建筑科学故事》这一科普图书。《趣味建筑科学故事》一书旨在让广大青少年读者更好地领略建筑这一人类几千年来创造的灿烂文明成果，激发青少年读者热爱建筑、热爱生活的美好愿望。

《趣味建筑科学故事》一书共包括世界建筑大师、世界建筑瑰宝和未来建筑猜想三部分。在世界建筑大师这一部分中，着重介绍了世界建筑大师的故事，以及许多在建筑背后鲜为人知的故事；在世界建筑瑰宝这一部分中，详尽地列举了许多非常著名的建筑，如古代中国的万里长城、埃及的金字塔、悉尼歌剧院等。在未来建筑猜想部分，我们畅想未来建筑能带给我们的魅力。

当我们回首过去时，看着先辈留下来的辉煌的建筑诗篇，不禁感叹那遥远的文明；当我们展望未来时，那些装载着梦想的建筑史诗是否也承载着你的梦想呢？那就请随本书一同感受建筑带给我们的魅力吧！

编　者

2013 年 1 月

目　　录

世界建筑大师

世界建筑瑰宝

未来建筑猜想

世界建筑大师

贝聿铭：让光线来做设计

贝聿铭，美籍华人，美国著名建筑学家，当今世界成就最高、最负盛誉的建筑大师之一。

贝聿铭，1917 年出生在广州，祖籍是被称作“园林之乡”的苏州，童年在香港度过，中学就读于上海，18 岁时被父亲送往美国宾州大学攻读建筑，后转学到麻省理工学院。贝聿铭先后获得美国麻省理工学院学士学位和哈佛大学建筑设计学院硕士学位，于 1955 年创建贝聿铭建筑事务所，现为美国艺术与科学院院士。

作为最后一个现代主义建筑大师，贝聿铭被人描述为一个注重抽象形式的建筑师。他喜好的材料只包括石材、混凝土、玻璃和钢。作为 20

世纪世界最成功的建筑师之一，贝聿铭设计了大量的划时代的建筑。贝聿铭属于实践型的建筑师，作品很多，论著则较少，他的工作对建筑理论的影响基本就是其作品本身。贝聿铭被称为“美国历史上前所未有的最优秀的建筑家”。1983 年，他获得了建筑界的诺贝尔奖——普利茨克建筑奖。

在美国的许多大城市中，都有贝聿铭的“作品”。他设计的波士顿肯尼迪图书馆，被誉为美国建筑史上最杰出的作品之一；还有丹佛市的国家大气研究中心、纽约市的议会中心，也使很多人为之倾倒；费城社交山大楼的设计，使贝聿铭获得了“人民建筑师”的称号。

在贝聿铭设计的诸多建筑物中，华盛顿国家艺术馆东大厅最令人叹为观止。美国前总统卡特称赞说：“这座建筑物不仅是首都华盛顿和谐而周全的一部分，而且是公众生活与艺术之间日益增强联系的艺术象征。”贝聿铭的作品不仅遍布美国，而且分布于全世界。我国北京西山有名的香山饭店，也是贝聿铭设计的，它集中国古典园林建筑之大成，设计别具一格。1984 年 5 月间，美国在凤凰城举行建筑学会年会，几百名建筑师和来宾，从 500 个候选建筑物中选出 13 个建筑物授予年度荣誉奖，贝聿铭设计的香山饭店名列榜上。

贝聿铭还应法国总统密特朗的邀请，完成了在法国巴黎拿破仑广场上的卢浮宫的扩建设计，使这个拥有埃菲尔铁塔等世界建筑奇迹的国度也为之倾倒。这项工程完工后，卢浮宫成为世界上最大的博物馆。人们赞扬这位华裔设计师，说他的独到设计“征服了巴黎”。

贝聿铭在建筑设计中最为人们称道的是关心平民的利益。他在纽约、费城、克利夫兰和芝加哥等地设计了许多既有建筑美感又经济实用的大众化的公寓。他在费城设计的三层社会公寓就很受工薪阶层的欢迎。因此，费城莱斯大学在 1963 年颁赠他“人民建筑师”的光荣称号。同年，美国建筑学会向他颁发了纽约荣誉奖。《华盛顿邮报》称他的建筑设计是真正为人民服务的都市设计。

建筑融合自然的空间观念，主导着贝聿铭一生的作品，如美国国家大气研究中心、伊弗森美术馆、狄莫伊艺术中心雕塑馆及康乃尔大学姜森美术馆等。这些作品的共同点是内庭，内庭将内外空间串联，使自然融于建筑。到晚期内庭依然是贝氏作品不可或缺的元素之一，唯在手法上更着重于自然光的投入，使内庭成为光庭，如香山饭店的常春厅、香港中国银行的中庭、纽约赛奈医院古根汉馆、巴黎卢浮宫的玻璃金字塔及比华利山庄创意艺人经济中心等。光与空间的结合，使得空间变化万端，“让光线来做设计”是贝聿铭的名言。

身为现代主义建筑大师，40 余年来，贝聿铭的建筑物始终秉持着现代建筑的传统，贝聿铭坚信建筑不是流行风尚，不可能时刻变幻花招来取宠，建筑是千秋大业，要对社会历史负责。他持续地对形式、空间、建材与技术研究探讨，使作品更具多样性，更优秀。他从不为自己的设计辩说，从不自己执笔阐释解析作品观念，他认为建筑物本身就是最佳的宣言。贝聿铭个人所获的重要奖项包括 1979 年美国建筑学会金奖，1981 年法国建筑学金奖，1989 年日本帝赏奖，1983 年第五届普利茨克建筑奖，及 1986 年里根总统颁予的自由奖章等。

贝聿铭对北京城市规划也提出过重要建议。他在北京香山饭店的设计中，努力探索一条把现代建筑特征与中国民族特色相统一的可行之路，为丰富中国新建筑发展道路方面作了重要贡献，为北京城市建设规划起到了重要的推动作用。

1996 年 6 月贝聿铭当选为中国工程院外籍院士。

苏州博物馆新馆是由贝聿铭设计的，这是他在中国设计的第一座博物馆，也是他的封笔之作。贝聿铭设计的苏州博物馆新馆，巧妙地实现了周边文化遗产保护与新馆建设的双赢，融传统意蕴和强烈的时代气息为一体，不仅获得了苏州市民的热烈赞同和称誉，也得到了联合国教科文组织世界遗产中心主任巴特兰、世界遗产中心代表矢野和之等的充分肯定，得到了国内著名遗产保护专家的高度评价。它不仅成为了苏州传统与现代文化的形象代表和城市名片，更是中国建筑文化从传统通向未来的一座桥梁。

在贝聿铭大半个世纪的人生旅程中，他的足迹遍及世界各地，用笔和尺“建造”了包括美国波士顿肯尼迪图书馆、美国华盛顿国家美术馆东馆、香港中银大厦、法国卢浮宫扩建工程、德国柏林历史博物馆、日本美秀博物馆等在内的 100 余项大型建筑。他刷新观念，屡创奇迹，多变的设计就像苏州古典园林中的移步换景一样，不断给人以意外的惊喜和美的震撼。

贝聿铭设计的肯尼迪图书馆，被誉为“一曲灯光和大理石、色彩和玻璃、绘画和雕塑的建筑交响乐”，成为美国建筑史上最佳杰作之一；他设计的美国国家美术馆东馆，迄今仍是现代艺术当之无愧的标志性作品，吸引了世界各地的游客前往参观；他设计的法国卢浮宫玻璃金字塔，被赞誉为“卢浮宫院内飞来了一颗巨大的宝石”，别具匠心的设计被公认为当代建筑艺术最伟大的奇迹。直至近 90 岁高龄，贝聿铭又再度接受设计苏州博物馆新馆的艰苦挑战。他说：“做事情最重要的是维持十足的信心，你必须对自己说，如果我相信我是对的，就不必在乎我是谁。”他坚信，要走出一条新路，唯一的办法就是往前走。满怀自信和不竭的创新激情，成就了大师在现代世界建筑史上永不磨灭的光辉。

点评

作为最后一个现代主义建筑大师，贝聿铭被人描述成为一个注重抽象形式的建筑师。他喜好的材料只包括石材、混凝土、玻璃和钢。作为 20 世纪世界最成功的建筑师之一，贝聿铭设计了大量的划时代建筑。贝聿铭属于实践型的建筑师，作品很多，论著则较少，他的工作对建筑理论的影响基本就是其作品本身。

安东尼·高迪：曲线之中的永恒怪诞

安东尼·高迪，被誉为西班牙最伟大的天才建筑师，塑性建筑流派的代表人物，属于新艺术建筑风格。安东尼·高迪的作品遍布西班牙名城巴塞罗那。他倾心 40 余载修建的圣家族大教堂已成为巴塞罗那市的“地标”性建筑，古爱公园被联合国教科文组织列为世界文化遗产。安东尼·高迪的建筑风格浪漫、另类，骷髅头状的阳台、骨头似的柱子、布满鳞片的屋顶、浪涛般的外墙以及由缤纷的马赛克镶拼而成的各种装饰令人目不暇接。但也只有在安东尼·高迪的建筑中才有可能见到如此古灵精怪的设计。所以也有人称其为建筑奇才、鬼才。

安东尼·高迪，1852 年出生于西班牙工商业最发达的地区——加泰罗尼亚自治区的雷乌斯，父亲是一名锅炉工。少年时安东尼·高迪患有风湿病，使得他不能像其他孩子一样活动。一个人的独处使他养成了静静观察自然的习惯，哪怕是一朵花或是一只缓缓爬行的蜗牛，都能引起他的兴趣。日后，他的作品中带有浓厚的自然主义色彩。在安东尼·高迪看来：描绘世界上存在的东西就够了，幻想着“发明”什么是徒劳的。当然，安东尼·高迪对自然的描述并不是简单再现，而是体现出一种充满想象力的“表现主义”美学观。在巴塞罗那学习建筑的时候，安东尼·高迪就表现得极富个性，再加上他的古怪脾气，特立独行的作风，让众人对他的评价始终在“是天才还是疯子”之间犹豫不决。

在19世纪末20世纪初，安东尼·高迪设计了科米亚随性屋、比森斯之家、格尔之家、特瑞莎学院、米拉之家等一系列作品，它们大都分布在加泰罗尼亚自治区，尤以巴塞罗那最多。他最出名的作品，莫过于到现在都还没造完的圣家族教堂。安东尼·高迪用奇异的建造方法为20世纪建筑史增添了独特的一页。在建筑中运用玻璃、陶瓷、马赛克等的拼贴装饰与彩绘等，也都是极具高迪风格的手法。

巴特略之家和米拉之家是安东尼·高迪实践自然理论的代表作。前者采用小块彩色陶瓷及玻璃做成有机造型，在加泰罗尼亚地区流传的“乔治屠龙救公主”的故事是建筑设计灵感的来源。这座充满神秘气氛的房子，在晚上观看更为奇妙，连安东尼·高迪自己也激动地称它“看起来像是一座天堂的房子”。米拉之家“酷似断崖的外观，内外连续性的建造方式被喻为‘迷宫’的写照”。其连续性的弯曲造型，像海浪起伏具有动感，立面大窗一个洞一个洞犹如蜂窝，也让人觉得这房子是被海浪侵蚀后的岩石。

安东尼·高迪对人类文化史上的最大贡献是圣家族教堂。圣家族教堂是一座象征巴塞罗那或加泰兰人身份的教堂。安东尼·高迪自1885年起设计第一张圣家族教堂的草图，1914年后则以全部精力投入圣家族教堂的建造，不再接其他新的建筑设计工作。整座教堂只完成了东西两侧塔堂，圣家族教堂建筑物大部分至今仍在建造，也许还得花上百年时间才能完成。安东尼·高迪把自己的生命都献给了圣家族教堂。他每天从格尔公园步行十几千米到圣家族教堂工作，直到最后因为年迈不得不离开格尔公园的住处，住进圣家族教堂的工作室里。在那里他每天工作、祈祷、做礼拜，很少出门。如果出门，那也是为圣家族教堂建筑工程募款。

安东尼·高迪是天才，也是个工作狂，他把时间都献给了建筑，终身未娶。有位作家很感慨地说：“有谁能像安东尼·高迪一样，细心地要求把一块一块砖头慢慢地‘砌组起来’？没有一位建筑师能像他那样有‘时间’，耐心地每分每秒、每小时、每一天跟着建筑物‘成长’，盯着建筑物看，与工人讨论建筑的形式与结构，指挥着每一步可能‘失败’或‘成功’的建造。如此的锻炼怎么可能不会锻炼出一位伟人来呢？因此，安东尼·高迪一生充满着各种传奇性，他的作品至今仍活在每一个人的心中。”

作为一个不求名利的建筑师，安东尼·高迪衣着简朴，甚至被人误认为是乞丐。当他74岁外出被电缆车撞倒时，没有人想到他就是安东尼·高迪,没有路人赶快帮忙送他到医院，后来由劳动警察送他到穷人医院，两天之后安东尼·高迪与世长辞。

繁复的细节与装饰是安东尼·高迪作品最让人着迷的地方，这样的姿态似乎与现代建筑运动截然相反。我们今天到处可见“极少主义”风格的现代建筑，听到的是建筑界的名言：“装饰就是罪恶”，“少就是多”。然而，建筑史或艺术史却有更多的复杂性。在安东尼·高迪手里，装饰不是罪恶，装饰是建筑师天才的显现，“多”同样是简洁的新符号。安东尼·高迪的作品构成了现代建筑运动之外的另一条脉络。他不但吸收了哥特、伊斯兰教、新艺术等各家建筑的精华，而且又用自己的想象力将它们改造成为了奇异无比的建筑结构。

点评

安东尼·高迪对自然的描述并不是简单再现，而是体现出一种充满想象力的“表现主义”美学观。在巴塞罗那学习建筑的时候，安东尼·高迪就表现得极富个性，再加上他的古怪脾气，特立独行的作风，让众人对他的评价始终在“是天才还是疯子”之间犹豫不决。

彼得·贝伦斯：德国现代设计之父

彼得·贝伦斯，德国现代主义设计的重要奠基人之一，著名建筑师，工业产品设计的先驱，“德国工业同盟”的首席建筑师，被誉为“第一位现代艺术设计师”。

彼得·贝伦斯，1868 年出生于德国汉堡，曾在艺术学院学习绘画，1891 年后在慕尼黑从事书籍插图和木版画创作，后改学建筑。1893 年成为慕尼黑“青春风格”组织的成员，期间他接受了当时的激进艺术的影响。1897 年他赴慕尼黑，1898 年开始设计工业产品。1900 年黑森大公召他到达姆施塔特艺术新村，在那里，他由艺术转向了建筑。1903 年，他被任命为迪塞尔多夫实用艺术学校的校长，在学校推行设计教育改革。

1904 年，彼得·贝伦斯参加了德国工业同盟的组织工作，1907 年，德国工业同盟在穆特修斯的大力倡导与组织下宣告成立，工业同盟的目的首先是要在各界推广工业设计思想，劝说美术、产业、工艺、贸易各界人士，共同推进“工业产品的优质化”，工业同盟的口号就是“优质产品”。1907 年，他被德国通用电气公司 AEG 聘请担任建筑师和设计协调人，开始了他作为工业设计师的职业生涯。这是世界上第一家公司、第一次聘用一位艺术家来监督整个的工业设计，以及让一位艺术家担任董事，并成为艺术设计史上第一个担任工业公司艺术领导职务的人。

彼得·贝伦斯所制定的生产纲领和工业产品样品，一直到 20 世纪 30

年代仍在起作用，他还制定了批量生产的技术复杂型产品的艺术设计方法，这些方法后来成为现代艺术设计的职业手段。彼得·贝伦斯在AEG各方面设计的成就，就是工业同盟所追求的目标的一个典型范例。1909—1912年参与建造公司的厂房建筑群，其中，他设计的透平机车间成为当时德国最有影响的建筑物之一，被誉为第一座真正的“现代建筑”。他设计的AEG的透平机制造车间与机械车间，其造型简洁，摒弃了任何附加的装饰，是贝伦斯建筑新观念的体现。彼得·贝伦斯把自己的新思想灌注到设计实践当中去，大胆地抛弃流行的传统式样，采用新材料与新形式，使厂房建筑面貌一新。钢结构的骨架清晰可见，宽阔的玻璃嵌板代替了两侧的墙身，各部分的匀称比例减弱了其庞大的体积产生的视觉效果，其简洁明快的外形是建筑史上的革命，具有现代建筑新结构的特点，强有力地表达了德意志设计联盟的理念。

彼得·贝伦斯还为AEG做了大量的平面设计，AEG的标志在几年时间内数易其稿一直沿用至今，并成为欧洲最著名的标志之一。作为工业设计师，彼得·贝伦斯设计了大量的工业产品，如弧光灯、电风扇、电水壶等，奠定了功能主义设计风格的基础。他把外形的简洁和功能性作为工业产品的审美理想，从1908年设计的台扇和1910年设计的电钟上看不到任何的伪装与牵强。他通过改变容量、局部的几何形状、材料和装饰的途径，设计了电水壶系列，基础模式有圆底、椭圆底与六面体，后者被称为“中国灯笼”。彼得·贝伦斯把纯粹的几何图形与简洁而精致的装饰很好地结合起来，使这些产品具有自身的、而不是从手工艺那里借用的价值。如电壶，贝伦斯设计出三种壶体、两种壶盖、两种手柄及两种底座，从中选择并加以组合，共有24种样式；电水壶有水下加热电阻丝，锤击的效果及藤条覆盖的手柄显示其为手工制作。他是第一个改革产品设计使之适合工业化生产的设计师，他设计的电水壶充分考虑了机器批量和标准化生产的特点，电水壶的提梁和壶盖都可以和别的造型的水壶配件互用。

彼得·贝伦斯还是一位杰出的设计教育家，担任过迪塞尔多夫实用艺术学校的校长、维也纳与柏林普鲁士两地美术学院的建筑系系主任。1910年间，沃尔特·格罗皮乌斯、路德维希·密斯凡德罗和勒·柯布西耶等，都在柏林彼得·贝伦斯的办公室工作过，他们后来都成了20世纪伟大的现代建筑师和设计师。所以他更重要的意义是影响和教育了一批新人，使这一批人成为第一代成熟的工业设计师与现代建筑设计师。

1900 年，黑森大公召彼得·贝伦斯到达姆施塔特艺术新村，在那里他由艺术转向了建筑，并于第一次世界大战前成为现代工业建筑师。他尽管参加了新艺术运动，却是德国现代主义设计的重要奠基人之一，工业产品设计的先驱，被视为“德国现代设计之父”。彼德·贝伦斯一直关注“维也纳分离派”的设计探索，逐渐看清了设计艺术改革与发展的道路，认识到新时代的设计必须将工业生产技术和材料工艺紧密地结合才能拥有活力。从 20 世纪初开始，贝伦斯开始探寻适合大工业机械生产方式的设计道路，在设计的多个领域都取得了显著的成绩。

彼得·贝伦斯写了许多著作，在这些著作中他主张对造型规律进行数学分析。他拒绝复制历史风格，而在研究植物、花卉的造型和动物界、植物界线条的基础上坚持理性主义美学原则。他的风格接近几何图形，因而易于转向纯工业形式的创作。彼得·贝伦斯还指出，在艺术与技术的关系中，与艺术家所坚持的传统相比，技术更能够确定现代风格，同时，通过批量生产符合审美要求的消费品可以逐渐改善人们的趣味。技术和文化的结合是文化的新源泉，与其说它服务于生活的审美改造，不如说它服务于全民的社会利益。因此，贝伦斯考察艺术形式时，一直力图表明视觉形式对于作为人类文化一部分的物质环境而产生的意义。

点评

促进现代建筑产生的需求因素之一是高层建筑，另一个因素则是现代工厂建筑。现代工厂对空间、照明、流通的要求都促进了现代建筑的发展。彼得·贝伦斯于 1909—1912 年参与建造公司的厂房建筑群，其中他设计的透平机车间成为当时德国最有影响的建筑物之一，被誉为第一座真正的“现代建筑”。

法兰克·洛伊·赖特：放荡不羁的贵族牛仔

法兰克·洛伊·赖特，是20世纪美国的一位最重要的建筑师，在世界上享有盛誉。他设计的许多建筑受到普遍的赞扬，是现代建筑中的瑰宝。法兰克·洛伊·赖特对现代建筑有很大的影响，但是他的建筑思想和欧洲新建筑运动的代表人物有明显的差别，他走的是一条独特的道路。

法兰克·洛伊·赖特，1869年出生在美国威斯康星州。他在大学中学习土木工程，后来才从事建筑设计。他从19世纪80年代后期开始在芝加哥从事建筑活动，曾经在当时芝加哥学派建筑师沙利文等人的建筑事务所工作过。法兰克·洛伊·赖特开始工作的时候，正是美国工业蓬勃发展，城市人口急速增加的时期。19世纪末的芝加哥是现代摩天大楼诞生的地点。但是法兰克·洛伊·赖特对现代大城市持批判态度，他很少设计大城市里的摩天大楼。法兰克·洛伊·赖特对于建筑工业化不感兴趣，他一生中设计的最多的建筑类型是别墅和小型住宅。

在19世纪末到20世纪最初的10年中，法兰克·洛伊·赖特在美国中西部的威斯康星州、伊利诺伊州和密歇根州等地设计了许多小型住宅和别墅。这些住宅大都属于中产阶级，坐落在郊外，占地宽阔，环境优美。建筑材料是传统的砖、木和石头，有出檐很大的坡屋顶。在这类建筑中，法兰克·洛伊·赖特逐渐形成了一些具有特色的建筑处理手法。他认为住宅不仅要合理地安排卧室、起居室、餐橱、浴厕和书房，使之便利日常生活，而且更重要的是要增强家庭的内聚力，他的这一认识使他在新的住宅设计中把火炉置于住宅的核心位置，使它成为必不可少但又十分自然的场所。

法兰克·洛伊·赖特这个时期设计的住宅既有美国民间建筑的传统，又突破了封闭性。它适合于美国中西部草原地带的气候和地广人稀的特点，这些住宅建筑被称为“草原住宅”，虽然它们并不一定建造在大草原上。

在19世纪法兰克·洛伊·赖特的青年是惠特曼和马克·吐温的时代。法兰克·洛伊·赖特的祖父和父辈在威斯康星州的山谷中耕种土地，他在农庄里长大，对农村和大自然有深厚的感情。在向大自然索取的艰苦劳动中他了解了土地，感悟到蕴藏在四季之中的神秘的力量和潜在的生命流，体会到了自然固有的旋律和节奏。他的“塔里埃森”就建造在这片祖传的土地上，他在80岁的时候谈到这一点还兴奋地说：“在塔里埃森，我这第三代人又回到了土地上，在那块土地上发展和创造了美好的事物”，对祖辈和土地的眷恋溢于言表。在建筑艺术的范围内，法兰克·洛伊·赖特确有其独特的方面，他比别人更早地解决了盒子式的建筑问题。他的建筑空间灵活多样，既有内外空间的交融流通，同时又具有安静隐蔽的特色。他既运用新材料和新结构，又始终重视和发挥传统建筑材料的优点，并善于把两者结合起来。同自然环境的紧密结合是他的建筑作品的最大特色。法兰克·洛伊·赖特的建筑使人觉着亲切而有深度，不像勒·柯布西耶那样严峻而乖张。

法兰克·洛伊·赖特的主要作品有东京帝国饭店、流水别墅、约翰逊蜡烛公司总部、西塔里埃森、古根海姆美术馆、普赖斯大厦、唯一教堂、佛罗里达南方学院教堂等。

法兰克·洛伊·赖特的一生经历了一个摸索建立空间的意义和它的表达的过程，从实体转向空间，从静态空间到流动和连续空间，再发展到四度的序列展开的动态空间，最后达到戏剧性的空间。布鲁诺·塞维如此评价赖特的贡献：“有机建筑空间充满着动态，方位诱导、透视和生动明朗的创造，他的动态是创造性的，因为其目的不在于追求耀眼的视觉效果，而是在寻求表现生活在其中人的活动本身。”

点评

法兰克·洛伊·赖特的建筑作品充满着天然气息和艺术魅力，其秘诀就在于他对材料的独特见解。泛神论的自然观决定了他对材料天然特性的尊重，他不但注意观察自然界浩瀚生物世界的各种奇异生态，而且对材料的内在性能，包括形态、纹理、色泽、力学和化学性能等仔细研究，他指出，“每一种材料都有自己的语言……每一种材料都有自己的故事”，“对于创造性的艺术家来说，每一种材料有它自己的信息，有它自己的歌”。

沃尔特·格罗皮乌斯：建筑设计与工艺的统一

沃尔特·格罗皮乌斯，德国现代建筑师和建筑教育家，现代主义建筑学派的倡导人和奠基人之一，公立包豪斯学校的创办人。

沃尔特·格罗皮乌斯，1883年出生于德国柏林，父亲也是一位建筑师。1903—1907年，他就读于慕尼黑工学院和柏林夏洛滕堡工学院，1907—1910年在柏林彼得·贝伦斯的建筑事务所工作。1914年在科隆举办的现代工业设计大展上，他依据预制设计原理所作的示范工厂和办公楼设计使他在建筑界名声大噪。他在此时曾致书魏玛大公，陈述他建立新型的艺术与工业相结合的教育体系的理想。1919年3月16日，魏玛政府内务大臣弗里希正式任命沃尔特·格罗皮乌斯为魏玛的撒克森大公艺术学院和撒克森大公艺术与工艺学校校长。3月20日，经大公同意将两所学校合并，成立国立建筑设计学院，即“包豪斯”。

沃尔特·格罗皮乌斯坚定地贯彻自己的原则，决心使艺术与技术相结合，团结艺术家和建筑师、工程师一起创造新的实用而美观的各种日常生活用品、工业制品和房屋。为培养能担负这个任务的新型设计人才，包豪斯的教学采用了“工厂学徒制”，学生入学后须先经过半年的基础教育，学习的内容包括基本造型、材料研究或工厂原理与实习。基础教育完成后，学生方能进入工厂和工作室，接受三年的学徒制教育。成绩合格者获“技工证书”，成绩优异者可经过考试升入“包豪斯建筑研究部”，修业期满，成绩合格者才能得到“包豪斯文凭”。

由沃尔特·格罗皮乌斯起草的《包豪斯宣言》是现代设计的重要文献，也是现代设计教育的最高纲领。它的主要思想也是它的主导思想是“我们都应该回到工艺上去”，他盼望着未来的新结构，“这种新结构将像一种新信念的水晶那样，通过工人的手伸向天空”。在沃尔特·格罗皮乌斯看来，艺术家和工匠之间并没有本质的不同，虽然艺术是无法教会的，不过工艺和手工技巧是能够传授的。他的学校是以工艺为基础的，是真实的劳作的世界中的一个组成部分；他把教师称为师傅，把学生称为学徒，把以往互不相干的若干学科和手段结合在一起，就能创造出一个综合的整体的艺术作品。沃尔特·格罗皮乌斯说：“未来几年将会显示出，手工艺将是我们这些艺术家的救星，我们将不再是手工艺的旁观者，我们将是它们的一部分。”

1928 年，沃尔特·格罗皮乌斯与勒·柯布西埃等组织国际现代建筑协会，并于 1929—1959 年，任协会副会长。1934 年，他离开德国赴英国开业。1937 年，他定居美国，任哈佛大学建筑系教授和主任，1952 年起任荣誉教授，参与创办该校的设计研究院。沃尔特·格罗皮乌斯在美国广泛传播包豪斯的教育观点、教学方法和现代主义建筑学派理论，强调在建筑中运用精确的数学计算，促进了美国现代建筑的发展。他在美国还从事设计实践，1945 年同他人合作创办协和建筑师事务所，后来发展成为美国最大的、以建筑为主的设计事务所。第二次世界大战后，他的建筑理论和实践为各国建筑界所推崇。此外，他对玻璃幕墙的构造也有着重要的贡献。

沃尔特·格罗皮乌斯还在学校里专门创办了建筑系，并由他亲自领导，建立起“教学—研究—生产”于一体的现代教育体系。格罗皮乌斯在此期间设计的包豪斯校舍被誉为现代建筑设计史上的里程碑。这座“里程碑”包括教室、礼堂、饭堂、车间等，具有多种实实在在的使用功用，楼内的一间间房屋面向走廊，走廊面向阳光用玻璃环绕。格罗皮乌斯让包豪斯的校舍呈现为普普通通的四方形，尽情体现着建筑结构和建筑材料本身质感的优美和力度，令世人看到了20世纪建筑直线条的明朗和新材料的庄重。特别是，对于建筑的外层面，不用墙体而用玻璃，这一创举为后来的现代建筑所广泛采用。今天，在世界许多城市依旧可见许多格罗皮乌斯“里程碑”式样的楼宇，它们矗立在我们这一代人生活的视野中，证明着一种富有预见的思想和行动的伟大。

沃尔特·格罗皮乌斯积极提倡建筑设计与工艺的统一，艺术与技术的结合，讲究功能、技术和经济效益。这些观点首先体现在法古斯工厂和1914年科隆展览会展出的办公楼中。两幢建筑均为框架结构，外墙与支柱脱开，做成大片连续的轻质幕墙。法古斯鞋楦厂的幕墙由大面积玻璃窗和下面的金属板裙墙组成，室内光线充足，缩小了同室外的差别；房屋的四角没有角柱，充分发挥了钢筋混凝土楼板的悬挑性能。展览会办公楼正面两端各有一个全玻璃幕墙的圆塔。里面的螺旋形楼梯与上下楼梯的人全部暴露出来。这些做法在后来的现代建筑中，特别是在百货商店和疗养院之类的公共建筑中广为应用。上述两座建筑不仅提出了新的功能，表现出了新的美学观点，而且说明功能和美观是同现代材料和结构技术分不开的。

沃尔特·格罗皮乌斯力主用机械化大量生产建筑构件和预制装配的建筑方法。早在包豪斯学校任教时期，他便致力于研究使家具器皿等日用品和建筑设计适应工业化大生产的要求，认为只有这样才能进行大规模建筑并降低造价。他还提出一整套关于房屋设计标准化和预制装配的理论和办法。格罗皮乌斯参加发起组织现代建筑协会，传播现代主义建筑理论，对现代建筑理论的发展起到一定作用。

点评

沃尔特·格罗皮乌斯在美国广泛传播包豪斯的教育观点、教学方法和现代主义建筑学派理论，促进了美国现代建筑的发展。他在美国还从事设计实践，1945年同他人合作创办协和建筑师事务所，后来发展成为美国最大的、以建筑师为主的设计事务所。第二次世界大战以后，他的建筑理论和实践为各国建筑界所推崇。

路德维希·密斯·凡德罗：玻璃幕墙的缔造者

路德维希·密斯·凡德罗，原名为玛丽亚·路德维希·密夏埃尔·密斯，德国建筑师，也是最著名的现代主义建筑大师之一。路德维希·密斯·凡德罗坚持“少就是多”的建筑设计哲学，在处理手法上主张流动空间的新概念。他的设计作品中各个细部精简到了不可精简的绝对境界，不少作品结构几乎完全暴露，但是它们的高贵、雅致，已使结构本身升华为建筑艺术。

路德维希·密斯·凡德罗，1886年出生于德国亚琛的一个石匠家庭。他只上过5年学，之后就跟父亲学习石工技术，是后来在建筑事务所的实践活动使他走上了建筑的职业生涯。1908年，路德维希·密斯·凡德罗在著名的贝伦斯事务所工作了4年。在那里他学到了不少先进的建筑思想和技术，逐步形成了自己的建筑风格，那就是：纪律、秩序和形式。他认为在建筑中这就是真理，美就是真理的光辉。1930—1933年，他担任德国包豪斯学校的校长。1938年由于德国纳粹主义猖獗，路德维希·密斯·凡德罗迁居美国，长期担任著名学府伊利诺理工学院建筑系主任。他不但大胆改革学校原有的教学大纲和教育体制，还积极参与实践，在融合芝加哥学派的基础上创立了密斯学派。

路德维希·密斯·凡德罗提出了“流动空间”的建筑新概念。这体现在巴塞罗那展览馆——德国馆——的设计中。该馆建于1928—1929年，主厅承重结构为8根十字形截面的钢柱。大理石墙和玻璃隔段都不承重。它们只是作为空间划分的手段，有的独立布置，有的从室内延伸到屋顶以外，形成了似分似隔，似封闭似开敞的流动空间印象。整个建筑一反过去烦琐装饰的旧习，显得干净利落、清新明快。建筑材料也达到了最佳的美学效果。灰色和绿色的玻璃隔墙配以挺拔光亮的钢柱和丰富多彩的大理石墙面，显得高雅华贵，具有新时代的特色。他还设计了平椅和靠椅，布置在室内，其造型舒展优美，很快便流传开来，被人们称为“巴塞罗那椅”。

路德维希·密斯·凡德罗的建筑以精确简洁为主，并富有结构的逻辑性。他的名言是：“少就是多”。他说：“建筑与形式的创造无关。建筑取决于它所处的时代，并逐步表现出它的形式。”1950年建成的范斯沃斯住宅坐落在距芝加哥75.6千米的普兰诺，在福克斯河的岸边。房子四周是一片平坦的牧野，夹杂着一丛丛茂密的树林，旁边还有小河流过。整幢住宅是一个架空的四边透明的玻璃盒子，像水晶一般纯净。外部的钢结构都漆成白色，与周围的树木草坪相映成趣，实乃点睛之笔。整个建筑视野开阔，置身室内就像身处大自然之中。建筑外观也简洁明净，高雅别致。

路德维希·密斯·凡德罗风格还强调技术的精美。建于1954—1958年的西格拉姆大厦无疑是纽约最精致的摩天大楼之一。它是路德维希·密斯·凡德罗设计的高层建筑的代表作。大厦是一家酿酒公司的行政办公楼，位于纽约曼哈顿区。主楼38层，高158.5米。整幢建筑被放在一个粉红色花岗岩砌成的大平台上。前面留有小广场供人们活动和休息。建筑框架和窗棂均采用铜皮作外包装材料。稳重的古铜色结构与茶色玻璃相配合，显得格调古朴而高雅，与周围的蓝色玻璃摩天大楼形成鲜明对比。为了使大楼的造型不失轻灵，密斯把底层三面留成两层高的空廊，看起来整座大楼就像架空在几根独立的大柱之上。

1969年，路德维希·密斯·凡德罗逝世。他技艺精美的建筑设计思想和严谨的造型手法对后来的建筑师产生了深远的影响。作为现代建筑的一代大师，他的名字会永载史册。

点评

路德维希·密斯·凡德罗认为建筑是一种精神活动，这一点贯穿于他的一生，他说：“我们必须设定新的价值，固定我们的终极目标，以便我们可以建立标准。因为正确的以及有意义的，对于任何时代来说，包括这个新的时代——是这样的：给精神一个存在的机会。”这里所说的“终极目标”就是密斯的信仰。

勒·柯布西耶：现代建筑的旗手

勒·柯布西耶，是20世纪最重要的建筑师之一，是现代建筑运动的激进分子和主将，被称为“现代建筑的旗手”。他和沃尔特·格罗皮乌斯、路德维格·密斯·凡德罗、法兰克·洛伊·赖特并称为现代建筑派或国际形式建筑派的主要代表。

勒·柯布西耶，1887年出生于瑞士西北靠近法国边界的小镇，父母从事钟表制造，少年时曾在故乡的钟表技术学校学习，对美术很感兴趣。1907年勒·柯布西耶先后到布达佩斯和巴黎学习建筑，在巴黎时，到以运用钢筋混凝土著名的建筑师奥古斯特·贝瑞处学习，后来又到德国贝伦斯事务所工作。彼得·贝伦斯事务所以尝试用新的建筑处理手法设计新颖的工业建筑而闻名，在那里，他遇到了同时在那里工作的沃尔特·格罗皮乌斯和路德维格·密斯·凡德罗，他们互相之间都有影响，一起开创了现代建筑的思潮。他又到希腊和土耳其周游，参观探访古代建筑和民间建筑。

勒·柯布西耶于1917年定居巴黎，同时从事绘画和雕刻，与新派立体主义的画家和诗人合编杂志《新精神》，按自己外祖父的姓取笔名为勒·柯布西耶。他在第一期就写到：“一个新的时代开始了，它植根于一种新的精神，有明确目标的一种建设性和综合性的新精神。”后来他把其中发表的一些关于建筑的文章整理汇集出版单行本书《走向新建筑》，书中激烈地否定19世纪以来的因循守旧的建筑观点、复古主义的建筑风格，歌颂现代工业的成就，提出“我们的时代每天都在决定自己的样式”，称颂工程师的工作方法，“工程师受经济法则的推动，受数学公式所指导，使我们与自然法则一致，达到了和谐。”提出“住房是居住的机器”，鼓吹以工业的方法大规模地建造房屋。“建筑的首要任务是促进降低造价，减少房屋的组成构件。”对建筑设计强调“原始的形体是美的形体”，赞美简单的几何形体。勒·柯布西耶的建筑设计充分发挥了框架结构的特点，由于墙体不再承重，可以设计大的横向长窗。他的有些设计当时不被人们接受，许多设计被否决，但这些结构和设计形式却在以后被其他建筑师推广应用，如逐层后退的公寓，悬索结构的展览馆等，他在建筑设计的许多方面都是一位先行者，对现代建筑设计产生了非常广泛的影响。

勒·柯布西耶还对城市规划提出了许多设想，他一反当时反对大城市的思潮，主张全新的城市规划，认为在现代技术条件下，完全可以既保持人口的高密度，又可以形成安静卫生的城市环境，首先提出高层建筑和立体交叉的设想，是极有远见卓识的。他在20世纪二三十年代始终站在建筑发展潮流的前列，对建筑设计和城市规划的现代化起了推动作用。

第二次世界大战期间，勒·柯布西耶避居乡间，后来又到印度和非洲工作。战后他的建筑设计风格明显起了变化，从注重功能转向注重形式；从重视现代工业技术转向重视民间建筑经验；从追求平整光洁转向追求粗糙苍老，甚至是原始的趣味。因此他在战后的新建筑流派中仍然处于领先地位。

勒·柯布西耶的设计理念直到他去世，都对世界各国的建筑师有很大的启发作用。他的设计经常引起很大的争议，他设计的朗香圣母院教堂的怪异外观，令守旧派异常愤怒，但被革新派奉为经典；他的马赛公寓，被法国风景保护协会提出控告，到后来，又成为当地的名胜；他为阿尔及尔市做的规划和建筑设计被市政当局否决，但后来其中的逐层后退的设计方法却被许多非洲和中东的沿海国家采纳。

勒·柯布西耶的丰富多变的作品和充满激情的建筑哲学深刻地影响

了20世纪的城市面貌和当代人的生活方式，从早年的白色系列的别墅建筑、马赛公寓到朗香教堂，从巴黎改建规划到昌加尔新城，从《走向新建筑》到《模度》，他不断变化的建筑与城市思想，始终将他的追随者远远地抛在身后。勒·柯布西耶是现代建筑一座无法逾越的高峰，是一个取之不尽的建筑思想的源泉。

勒·柯布西耶是一名想象力丰富的建筑师，他对理想城市的诠释、对自然环境的领悟以及对传统的强烈信仰和崇敬都相当别具一格。作为一名具有国际影响力的建筑师和城市规划师，他是善于应用大众风格的稀有人才——他能将时尚的滚动元素与粗略、精致等因子进行完美的结合。他用格子、立方体进行设计，还经常用简单的几何图形、一般的方形、圆形以及三角形等图形建成看似简单的模式。作为一名艺术家，勒·柯布西耶懂得控制体积、表面以及轮廓的重要性，他所创造的大量抽象的雕刻图样也体现了这一点。因此，在勒·柯布西耶的设计中，通过大量的图样以产生一种栩栩如生的视觉效应占据了支配地位，而其建筑模式转化为建筑实物的情况如同艺术家在陶土的模子上进行雕刻和削减一样。通过精心的设计，在明暗光线的对比下，他成功地将有限的空间最大化，并产生了良好的视觉效应。

点评

自然是美妙的，那新鲜的空气、明媚的阳光，还有来自大自然的清新和美丽，使勒·柯布西耶感觉到需要建立一种全新的风格去适应当今机器时代的发展。在所有的建筑都作为“机器时代的机器”时，人们也开始重视房屋的基本功能。勒·柯布西耶的目标：在机器社会里，应该根据自然资源和土地情况重新进行规划和建设，其中要考虑到阳光、空间和绿色植被等问题。

吉瑞特·托马斯·里特维德：“革命性”的设计大师

吉瑞特·托马斯·里特维德，荷兰著名建筑设计师和家具设计大师。里特维德不是建筑学或设计方面的科班出身，但他对所学的任何实际知识都非常用心，并有很多独到的理解。在现代设计运动中，吉瑞特·托马斯·里特维德是创造出最多的“革命性”设计构思的设计大师。

吉瑞特·托马斯·里特维德，1888 年出生于荷兰名城乌特勒支，父亲是当地的一位木匠。吉瑞特·托马斯·里特维德从 7 岁起就开始在父亲的作坊中学习木工手艺。1911 年，他开设了自己独立的木工作坊，同时开始以上夜校的方式学习建筑绘图。

吉瑞特·托马斯·里特维德一生富于革命性，是家具设计史上第一件现代家具的设计人。1917—1918 年吉瑞特·托马斯·里特维德设计并制作了“红蓝椅”，并于次年成为荷兰著名的“风格派”艺术运动的第一批成员。“风格派”运动是几乎与德国包豪斯齐名的现代艺术设计运动，其核心人物是多才多艺的设计师和理论家提奥·凡·杜斯伯格，著名现代派画家皮尔特·蒙德里安和吉瑞特·托马斯·里特维德，其中包括许多当时非常“前卫”并在设计思想上崇尚创新的建筑师、设计师、艺术家和理论家。

吉瑞特·托马斯·里特维德极富轰动性的“红蓝椅”系列的首批家具设计首先在“风格派”的专业艺术杂志上刊登出来，立即引起同仁和社会的广泛关注。随后，这批作品于1923年又在德国包豪斯展览中亮相，对许多同时代的设计师，包括另外几位大师都产生了不同程度的影响。在20世纪20年代，现代设计运动的发展早期，吉瑞特·托马斯·里特维德的先锋作用并未局限于家具设计领域，1924年他设计了一生中最重要的，也是建筑设计史中非常重要的里程碑——施罗德住宅。其设计思想和手法都与“红蓝椅”如出一辙，同时也贯彻着提奥·凡·杜斯伯格的设计理论和皮尔特·蒙德里安的艺术理念。仅此两项，就足以奠定吉瑞特·托马斯·里特维德在现代设计中的大师地位。

“红蓝椅”仅仅是吉瑞特·托马斯·里特维德丰富多彩的家具设计生涯中的一个开始。同其他几位经典大师一样，吉瑞特·托马斯·里特维德也始终关注着设计与工业化生产的结合以及适于现代社会生活的新材料的运用。一般认为包豪斯的布劳耶是第一位使用弯曲钢管设计家具的人，但实际上，吉瑞特·托马斯·里特维德几乎在同时，甚至比布劳耶还早就开始使用这种充满生命力的新型家具材料了，这从施罗德住宅的餐椅中就可以看出。事实上当时双方的交流很多，相互影响很明显，只是布劳耶的“瓦西里椅”更为优雅，在设计上更为彻底而已。

吉瑞特·托马斯·里特维德下一个令世人再次震惊的设计是1932—1934年设计制作的“Z”形椅。这在家具的空间设计组织上又是一次革命，在最直接的功能上则扫除了落座者双腿活动范围内的任何障碍。在这件惊世之作的设计理念上，一般都以为是为回应提奥·凡·杜斯伯格1924年发表的一种理论呼吁：要在艺术构图的竖直和水平的元素之间引入斜线的解决横竖构图元素间的冲突。不论理论上如何解释，“Z”形椅在家具设计中的革命性是不言而喻的，实际上这种设计中的“斜线”因素早已出现在早年的“红蓝椅”中，而椅子设计中心明确的“斜线”因素早几年曾出现在霍夫曼1908年设计的一件休闲椅中。“Z”形椅开发了现代家具设计的一个方向或一个类别，后代不少设计师不断在其设计理念的基础上进行了新的诠释。

20世纪20年代初，吉瑞特·托马斯·里特维德受施罗德夫人的委托为其设计一所家庭住宅。这座位于荷兰乌德勒支市的建筑如今被人们称为“里特维德－施罗德之家”。这座施罗德住宅是风格派艺术主张在建筑领域的典型表现。施罗德住宅由光光的墙板，简洁的体块，大片玻璃组成横竖错落、若即若离的构图，与当时著名的荷兰画家皮尔特·蒙德里安的绘画有十分相似的意趣，如同一座三维的风格派绘画。施罗德住宅对许多现代建筑师的建筑艺术观念有不小的影响，是现代建筑非常重要的开端。施罗德住宅用轻灵的手法表现出明晰的建筑主题，是荷兰风格派艺术在建筑领域最典型的表现。虽然也有人批评它是一件摆设多于可用的建筑，过于强调客观性而忽略了其实用性。但施罗德住宅却是现代建筑的重要参照物和先导。

“20 世纪已经成为历史，这是一个众所周知的事实。同样，20 世纪也留给我们许多历史文化遗产，认识这点非常重要。”梅耶教授对此颇有见地。这也是为什么他和他在联合国教科文组织工作的同事们决定要把这座建于 1924 年的荷兰住宅同大堡礁、泰姬陵以及中国的长城一起列入世界文化遗产的原因。

吉瑞特·托马斯·里特维德希望创造的不仅是一座建筑，而是一座充满家具和实用生活空间的家园。范塞尔解释道：“它的楼上是生活区，有一扇滑动板可以把房间分隔为四个部分，当家人要睡觉时就会把房间隔开，但是在白天，它则是一个开放的空间。吉瑞特·托马斯·里特维德对建筑的空间和环境很感兴趣，他还自己设计了被称为‘综合艺术品’的家具，这样，建筑内外就构成了一个整体。家具一般都采用明朗的色调，比如他设计的著名的红蓝色的椅子。”

雅瑞尔认为“里特维德－施罗德之家入选世界文化遗产将为其带来有利的弘扬与支持，更重要的是，对这座建筑在荷兰历史上的存在有所保障。100 年甚至 200 年后，它还能屹立在乌特勒支市，能与婆罗浮屠佛塔和埃及金字塔一起被列为世界瞩目的文物，这是多大的光荣啊！”

点评

吉瑞特·托马斯·里特维德并不是建筑学或设计方面的科班出身，但他对所学的任何实际知识都非常用心，并始终有独到的理解。在现代设计运动中，吉瑞特·托马斯·里特维德是创造出最多的“革命性”设计构思的设计大师。

阿尔瓦·阿尔托：人性化的建筑

阿尔瓦·阿尔托是芬兰现代建筑师，人性化建筑理论的倡导者，同时也是一位设计大师及艺术家。阿尔瓦·阿尔托是现代建筑的重要奠基人之一，也是现代城市规划、工业产品设计的代表人物，他在建筑与环境的关系、建筑形式与人的心理感受的关系这些方面都取得了其他人所没有的突破，是现代建筑史上举足轻重的大师。

阿尔瓦·阿尔托，1898 年出生于芬兰的库奥尔塔内小镇，1916—1921 年在赫尔辛基工业专科学校建筑学专业学习。随后两年，他作为一名展示设计师并在中欧、意大利及斯堪的纳维亚地区旅行。1923 年起，阿尔瓦·阿尔托先后在芬兰的于韦斯屈莱市和土尔库市创办了自己的建筑事务所。1924 年，他主要运用“新古典主义”的设计风格，为学校设计了几家咖啡馆和学生中心，并为学生设计了成套的寝室家具。同年，他与设计师阿诺·玛赛奥结婚，共同进行了长达 5 年的木材弯曲实验，而这项研究促进了阿尔瓦·阿尔托 20 世纪 30 年代革命性家具设计——椅——的产生。

阿尔瓦·阿尔托于 1928 年参加国际现代建筑协会。1929 年，按照新兴的功能主义建筑思想同他人合作设计了为纪念土尔库建城 700 周年而举办的展览会的建筑。他抛弃传统风格的一切装饰，使现代主义建筑首次出现在斯堪的纳维亚地区，推动了芬兰现代建筑的发展。他最著名的建筑包括他在土尔库的家（被认为是第一个斯堪的纳维亚地区的现代主义建筑）、卫普里图书馆、帕伊米奥肺结核疗养院以及为 1939 年纽约世界商业博览会设计的芬兰馆。第二次世界大战后的头 10 年，阿尔瓦·阿尔托主要从事祖国的恢复和建设工作，为拉普兰省省会制定了区域规划。

1936 年，阿尔瓦·阿尔托为他负责室内装修设计的赫尔辛基甘蓝叶餐厅设计了一款花瓶作为装饰品之一，即后来以他的名字命名的经典玻璃制品，不仅在 1937 年巴黎国际博览会上展现了芬兰现代设计的水平，而且还成为世界众多博物馆的珍藏品，并在 1938 年获得国际桌上用品奖。其设计趣味来自随意而有机的波浪曲线轮廓，完全打破了传统的对称玻璃器皿的设计标准。人们猜测波浪曲线轮廓象征着芬兰星罗棋布的湖泊。这是天才的设计大师阿尔瓦·阿尔托除了建筑之外，为玻璃器皿制造业留下的经典杰作。从年龄上看，阿尔瓦·阿尔托花瓶已经是“古董”了，但从设计上看，它至今仍然很超前，很现代。

阿尔瓦·阿尔托于 1940 年任美国麻省理工学院客座教授，1947 年获美国普林斯顿大学名誉美术博士学位，1955 年当选芬兰科学院院士，1957 年获英国皇家建筑师学会金质奖章，1963 年获美国建筑师学会金质奖章，1976 年 5 月 11 日逝于赫尔辛基。

1957 年，阿尔瓦·阿尔托在明确地表达他的哲学观时，指出：“建造天堂是建筑设计的一个潜在动机，这一理念会不断地从每个角落里涌现出来。它是我们设计建筑的唯一目的。如果我们不能始终坚持这一理念，我们的建筑将是简陋且没有价值的，但我们的生活会富裕起来，然而，这种富裕的生活又有什么意义呢？每件建筑作品都是一个标志，它们向世人展示出我们愿意为世界上的所有普通人建造天堂的志向。”

自然再现的理念在阿尔瓦·阿尔托的设计中反复出现。在生态这一概念出现之前，阿尔瓦·阿尔托就早已在他的建筑设计中体现出了生态建筑的理念。1940 年，他曾写到：“建筑师所创造的世界应该是一个和谐的，和尝试用线把生活的过去与将来编织在一起的世界。而用来编织的最基本的经纬就是人纷繁的情感之线与包括人在内的自然之线。”

阿尔瓦·阿尔托主要的创作思想是探索民族化和人情化的现代建筑

道路。他认为工业化和标准化必须为人的生活服务，适应人的精神要求。他说："标准化并不意味着所有的房屋都一模一样，而主要是作为一种生产灵活体系的手段，以适应各种家庭对不同房屋的需求，适应不同地形、不同朝向、不同景色，等等。"他所设计的建筑平面灵活，使用方便，结构构件巧妙地化为精致的装饰，建筑造型娴雅，空间处理自由活泼且有动势，使人感到空间不仅是简单地流通，而且在不断地延伸、增长和变化。阿尔瓦·阿尔托热爱自然，他设计的建筑总是尽量利用自然地形，融合优美景色，风格纯朴。芬兰地处北欧，盛产木材，铜产量居欧洲首位。阿尔瓦·阿尔托设计的建筑的外部饰面和室内装饰反映了木材的特征；铜则用于点缀，表现精致的细部。建筑物的造型沉着稳重，结构常采用较厚的砖墙，门窗设置得宜。他的作品不浮夸、不豪华，也不追随欧美时尚，创造出独特的民族风格，有鲜明的个性。

点评

阿尔瓦·阿尔托大量不朽的建筑不但在纹理上相当丰富，而且从传统原料上来说也是相当广泛的，主要体现在流动的空间、自然光线、空间的分配以及其他大量的细节等方面。他的装饰也影响到了国际建筑水平，正如他曾经说过："没有什么可以再生，同时也没有什么可以完全消失，任何东西都会以一种新的形式呈现出来。"他认为，众多的建筑对于建筑学的一系列问题而言是一种单独的解决方式，而这一系列问题又是建筑学方面的驱动力量。这种观点后来得到国际上的认可和接受。

菲利普·约翰逊：美国建筑界的“教父”

菲利普·约翰逊，美国建筑师，建筑理论家，埃森曼称他为美国建筑界的“教父”。

菲利普·约翰逊，1906 年出生于美国俄亥俄州克利夫兰。他最初在哈佛大学学哲学，但自从读了路德维希·密斯·凡德罗、勒·柯布西耶和沃尔特·格罗皮乌斯等建筑大师的相关文章之后，他就固执地转了专业。1927 年，他 33 岁的时候，获得了哈佛大学建筑学院的建筑学学士学位。后来同建筑史家 H·R·希契科克游历欧洲，结识了许多现代派建筑师。归国后于 1932 年任纽约市现代艺术博物馆建筑部主任，同年与希契科克合著《国际式风格》一书，并举办展览，首次向美国介绍欧洲现代主义建筑。同时，他们又一起撰写了关于“建筑国际风格”的相关著作，该计划中有多名著名的建筑师参与。

1939 年，菲利普·约翰逊进哈佛大学建筑研究生院，从师 M·布劳耶学习，但其真正的导师是路德维希·密斯·凡德罗。他 1943 年获得建筑学位，1945 年开设设计事务所，1946—1954 年重任纽约市现代艺术博物馆建筑部主任。他的专著《路德维希·密斯·凡德罗》于 1947 年出版，颇负盛名。1949 年设计了自己的住宅，确立了他作为建筑师的声望。菲利普·约翰逊与对他有巨大影响的路德维希·密斯·凡德罗一起工作，并将其看做是最高明的建筑师。

菲利普·约翰逊早期的工作深受路德维希·密斯·凡德罗的影响，

甚至他自己的家也在相当程度上有着路德维希·密斯·凡德罗的影子。尽管他把路德维希·密斯·凡德罗看做天才，但是他也在逐渐抱怨传统的风格，他表明："我的宗旨是明确的、不同于传统的"。1967 年起，菲利普·约翰逊与约翰·伯奇一起工作至 1991 年，他们能够将简单的几何图形浇铸成一种新颖而且不可思议的模型。

菲利普·约翰逊的早期作品明显受路德维希·密斯·凡德罗的影响；20 世纪 50 年代中期开始由路德维希·密斯·凡德罗风格转向新古典主义。这时期的代表作品有内布拉斯加大学的谢尔顿艺术纪念馆、纽约林肯中心的纽约州剧院等。70 年代同 J·伯吉合作开设事务所，合作设计了一系列建筑，较重要的明尼苏达州明尼阿波利斯 IDS 中心、休斯敦的潘索尔大厦、加利福尼亚州加登格罗芙的"水晶教堂"等。这几幢建筑一扫他的折中风格，颇有清新气息。这是菲利普·约翰逊富有成就的时期。而且在 1983 年建成的位于纽约曼哈顿区的美国电话电报公司大楼设计中，菲利普·约翰逊又把历史上古老的建筑构件进行变形，加到现代化的大楼上，有意造成暧昧的隐喻和不协调的尺度。这座建筑已成为后现代主义的代表作。同样的作品有匹兹堡平板玻璃公司大厦、耶鲁微生物学楼、休斯敦银行大厦等。

由于菲利普·约翰逊善于建造高楼和公共场所等大型建筑，因此他的作品遍及各个领域，他的设计经常具有很强的抽象性和审美观。菲利普·约翰逊总是神奇地将一幢建筑到另一种建筑的风格完全改变，这也是他在工商界大受欢迎的缘故。菲利普·约翰逊一直注重变幻建筑物的外形，用他的话来说就是："我们从来没必要照搬我们自己的东西，而是应该跟这些完全不同"。由于过多地关注建筑背景，约翰逊的设计不时显得相当折中。菲利普·约翰逊认为建筑中唯一最严重的错误就是无聊。

在菲利普·约翰逊与搭档伯奇合作的设计中，越来越注意通过建造与地平线的同一性以满足客户的需要，客户们往往希望他们的建筑在这个共同的世界中显得更别致、更醒目一些。因此，他设计的建筑既与四周的高楼形成明显的对比，又占了相当的优势地位。他认为建筑的结构和外观必须与客户的认可程度相当。

菲利普·约翰逊相当注意自然和人造光线之间的搭配，同时也意识到水对所处位置的重大作用以及光线等方面的作用。因此，在设计中，他加入了几个单独的却又有一定关联的喷泉。他还用雕刻等方式创造出更大的空间，他说道："我对排列的建筑空间相当感兴趣，并将它当做一种思路来进行思考，将之付诸实际中以领会、理解。"尽管菲利普·约翰逊还是一直追随着密斯的步伐，但后来经过自己的努力，成为摩天大楼的主要设计师。1979 年，约翰逊获得了第一届普利茨克建筑奖，该奖被誉为建筑界的"诺贝尔奖"。

有着建筑界"教父"之称的菲利普·约翰逊一生都在求变，一生都在引领潮流，他从玻璃屋子时期的密斯风格转向新古典主义时，推出了波士顿公共图书馆；当现代主义风雨欲来的时候，他设计了名声显赫的加利福尼亚州加登格罗芙的"水晶教堂"；当后现代主义成为时尚时，他和建筑师伯奇一起贡献了纽约的美国电话电报公司大楼，这座拼贴了古典风格、现代高层建筑风格、巴洛克时代的堂皇风格和现代商业化 POP 风格的建筑，堪称后现代主义建筑中规模最大、最负盛名的代表作。另外，他设计的匹兹堡平板玻璃公司大厦、耶鲁微生物教学楼、休斯敦银行大厦等，也是建筑史上无法忽略的经典之作。

点评

菲利普·约翰逊总是神奇地将一幢建筑到另一种建筑的风格完全改变，这也是他在工商界大受欢迎的缘故。菲利普·约翰逊一直注重变幻建筑物的外形，用他的话来说就是："我们从来没必要照搬我们自己的东西，而是应该跟这些完全不同"。

埃罗·沙里宁：现代主义者的挣扎

埃罗·沙里宁，20世纪中叶著名的芬兰裔美国建筑师和设计师，是美国最有创造性的建筑师之一，尤其擅长以项目的需要而灵活地改变风格。

埃罗·沙里宁，1910年出生于芬兰艺术家家庭，父亲是著名建筑师埃利尔·沙里宁（赫尔辛基火车站的设计者），母亲是雕塑家。埃罗·沙里宁于1923年全家移居美国。埃罗·沙里宁于1929年赴巴黎学习雕刻，一年后返美；1934年毕业于美国耶鲁大学建筑系后，在父亲的建筑事务所工作；1950年父亲去世后独自开业。作为现代主义风格的第二代建筑师，埃罗·沙里宁身上表现出了老一代的保守风格与新一代的随心所欲的尝试的撞击。

埃罗·沙里宁设计了一系列新奇独特的作品，表现了丰富多彩的建筑语汇。埃罗·沙里宁在1961年9月1日死于脑科手术中。1962年美国建筑师协会追授埃罗·沙里宁金质奖章。

埃罗·沙里宁喜好雕塑，他一生没有形成自己定型的建筑风格，而是在不断地创立新的建筑风格。1951年，他在底特律市以北设计了通用汽车公司技术中心，风格上非常接近路德维希·密斯·凡德罗的风格。这个建筑群有25幢建筑物，环绕一个规整的人工湖，湖中有带雕塑特点的水塔，这里是埃罗·沙里宁建筑设计风格的端倪。让埃罗·沙里宁闻名世界的是圣路易市杰斐逊国家纪念碑。这座高宽各为190米的外贴不锈钢的抛物线形拱门，造型雄伟，线条流畅，象征该市为美国开发西部的大门。1952年他设计了麻省理工学院的礼堂和小礼堂，礼堂采用只有三个支点的1/8球壳作屋顶，教堂为圆形砌建筑。1958年为耶鲁大学设计了冰球馆，采用悬索结构，沿球场纵轴线布置一根钢筋混凝土拱梁，悬索分别由两侧垂下，固定在观众席上。建筑造型奔放舒展，表达出冰球运动的速度和力量。

埃罗·沙里宁最令人惊奇的作品是纽约肯尼迪机场的美国环球航空公司的候机楼，建筑外形像展翅的大鸟，动势很强；屋顶由四块浇筑的钢筋混凝土壳体组合而成，几片壳体只在几个点相连，空隙处布置天窗，楼内的空间富于变化。这是一个凭借现代技术把建筑同雕塑结合起来的作品。他的另一杰作是华盛顿杜勒斯国际机场的候机楼。大楼为悬索屋顶，跨度45．6米，长度为182．5米，人流沿纵向行进。跨中屋顶低矮，下设办理登机手续等一系列管理用房；跨端空间高敞，供旅客集散之用。结构形式与功能结合妥善，轻巧的悬索屋顶象征飞翔，与结构本身的特点合拍，显得十分自然。

埃罗·沙里宁设计的美国杰斐逊国家纪念碑、纽约肯尼迪国际机场、美国杜勒斯国际机场都成为有机功能主义的里程碑代表建筑。

埃罗·沙里宁在“有机家具”的设计上也非常突出，“马铃薯片椅子”、“子宫椅子”、“郁金香椅子”都是20世纪五六十年代最杰出的家具作品。埃罗·沙里宁是一个将建筑的功能与艺术效果真正完美结合的建筑家。他独特的艺术想象力和建筑思想以及留下的雕塑性非常强的作品，对后来的建筑影响深远。通过这些椅子的设计，埃罗·沙里宁把有机形式和现代功能结合起来，开创了有机现代主义设计的新途径。20世纪澳大利亚著名的建筑——悉尼歌剧院——的设计方案就是沙里宁担任国际评委时，从废弃的方案中挖掘出来的。

埃罗·沙里宁说：“城市是一本打开的书，从中可以看到它的抱负。”“让我看看你的城市，我就能说出这个城市居民在文化上追求的是什么。”

现代国际主义建筑大师埃罗·沙里宁是芬兰著名的建筑大师埃利尔·沙里宁的儿子，在父亲创办的美国著名设计学院——克兰布鲁克艺术学院——学习，这个学院把欧洲的现代主义设计思想和体系有计划地引入美国高等教育体系，重视设计观念的形成，重视功能问题的解决，学院的重点是建筑和家具设计。受到这个教育思想的影响，埃罗·沙里宁成为美国新一代有机功能主义的建筑大师和家具设计大师。

点评

现代国际主义建筑大师埃罗·沙里宁对于早期现代建筑中的习惯思维表示怀疑，而引入了前所未有的雕塑式造型。他的作品富于独创性，而且在不断地创立新的风格，以至他一生也没有形成定型的建筑风格。他认为城市结构既要符合人类聚居的天性，便于人们过共同的社会生活，感受到城市的脉搏，而又不能脱离自然。

约翰·伍重：非凡的艺术建筑大师

约翰·伍重，丹麦建筑设计大师，悉尼歌剧院的设计者，曾获普利茨克建筑奖。他所设计的悉尼歌剧院被公认为20世纪世界七大奇迹之一。

约翰·伍重，1918年出生于丹麦的哥本哈根，曾经是一名优秀的水手。1937年，约翰·伍重就读于丹麦皇家艺术学院，1942年取得学位后到瑞典斯德哥尔摩的一个事务所工作，1946年赴荷兰赫尔辛基的阿尔瓦·阿尔托建筑事务所工作了几个月，受到了阿尔瓦·阿尔托建筑的有机方法和对自然环境的感受的深刻影响。1947—1949年，他游历了欧洲，北非及美国等地，为他的创作积累了丰厚的素养。1949年访问了著名的建筑师法兰克·洛伊·赖特。他从法兰克·洛伊·赖特的作品以及古代玛雅人和阿兹台克人的建筑中又受到了强烈的启发，他也很钦慕路德维希·密斯·凡德罗。1950年回到哥本哈根创办了自己的事务所。约翰·伍重到世界各地广泛游历，曾到过墨西哥、摩洛哥、印度、尼泊尔、日本以及中国等地。1955年，他在北京访问了梁思成先生。这些经历和工作经验使他形成了对建筑艺术和建筑技巧的不倦的追求精神，这也是悉尼歌剧院的创作之源。约翰·伍重是第三代建筑师的代表人物，他主张建筑必须具有地方特色。

悉尼歌剧院的传奇开始于1957年，当时38岁的约翰·伍重还是一位名不见经传的建筑师，只在丹麦有过一次实践。他加入了一场匿名的竞赛：一块小土地上的歌剧院。他的方案在来自30多个国家的230位参赛者中被大赛评委选中，当时的媒体称之为“用白瓷片覆盖的三组贝壳形的混凝土拱顶”。这座建筑规模庞大，包括了音乐会大厅、歌剧大厅、剧场、排演厅和众多的展览场地设施，建筑面积8000平方米。

悉尼歌剧院直到1973年才建成，历经14年之久，耗资1.2亿美元。它的结构设计有着前所未有的难度，其间经过无数设计师的设计，最后用混凝土先做成球形，再进行修改削减而成，杰作才得以诞生。

在1957年，悉尼歌剧院设计招标的时候，约翰·伍重的那张草图并不是信手拈来碰运气的，而是绞尽脑汁才想出了这个标新立异的方案。他分析基地后，看到班尼朗半岛四面临空，认为这里的建筑不仅要有东南西北四个漂亮的立面，绝不能出现难看的背面，而且还应有从上面看下来的第五个立面——屋面的造型。倘若采用一般歌剧院的形式，则无法避免在舞台上方设置一个方方正正，沉重封闭的舞台台箱，并且突出于整个剧院最高处。处在美丽的班尼朗半岛上的歌剧院也应该是优雅多姿的。所以他为未来的歌剧院设计了三组既像贝壳又像白帆的屋顶，并加上一个巨大的石头基座以抬高建筑物和占领空间。这就是那个用笔粗绘的薄壳屋顶和石头基座的由来。

悉尼歌剧院由10个薄壳组成，它们的排列有着音乐般美妙的韵律。白色的壳体看起来十分的轻盈，在碧水蓝天的映衬下，白色壳体在阳光下闪闪发光，如沙滩上白色的贝壳，又如大海上迎风扬起的白帆，漂亮极了！它在悉尼港的蓝天碧海之间，生出一派诗情画意，引人遐思无限。

2003年，约翰·伍重被授予了被誉为建筑界“诺贝尔奖”的“普利茨克建筑奖”。评选委员会的评委们认为，伍重当年远远超越同时代人们的创造性是导致他在澳大利亚遭到“非难”的原因所在，而正是这一点才造就了他不可磨灭的建筑和艺术成就。凭借这件46年前被公众口诛笔伐的设计方案，当初被迫退出建造工程后就未能亲眼一睹这件艺术品的约翰·伍重，普利茨克奖是对他和他的杰作的最终承认。

点评

约翰·伍重是一位建筑师。他扎根于历史，触角遍及玛雅文化、中国文化和伊斯兰文化，以及其他很多的背景，包括他自己的斯堪的纳维亚人的遗传。他把那些古代的传统与自己的修养相结合，形成了一种艺术化的建筑感觉，以及和场所状况相联系的有机建筑的自然本能。约翰·伍重总是领先于他的时代，当之无愧地成为20世纪和永恒不朽的建筑物塑造在一起的少数几个现代主义者之一。

罗伯特·文丘里：后现代主义建筑之父

罗伯特·文丘里，后现代主义建筑的奠基人之一，也是迄今为止具有相当影响力的国际建筑大师。他的后现代主义理论和实践引发了后现代主义建筑运动，他在当代建筑史上具有非常重要的地位。

罗伯特·文丘里，1925年出生于美国宾夕法尼亚州费城，在普林斯顿大学获得文学学士学位，后获硕士学位，并赢得了美国建筑研究院的奖学金。毕业后，为了进一步了解欧洲传统的建筑体系，他又到意大利罗马的美国学院学习深造。回国后，他曾在三个非常著名的现代主义建筑大师手下工作，一个是奥斯卡·斯托罗诺夫，另一个是功能主义大师埃罗·沙里宁，最后一个是路易·艾瑟铎·康。跟随这三个风格不同的大师工作，罗伯特·文丘里学到了许多东西，一方面对现代主义、国际主义风格有了深刻的理解，同时也对几位大师企图突破密斯风格垄断的努力印象深刻。1964年，他与友人约翰·劳什、妻子丹尼斯·布朗合作，开设了自己的设计事务所，开始了他漫长的设计生涯。

罗伯特·文丘里早期的工作受到路易·艾瑟铎·康和艾罗·萨里南的影响，同时也受到米开朗基罗、帕拉第奥、勒·柯布西耶和阿尔瓦·阿尔托很大的影响。他说道："在所有作品中，阿尔瓦·阿尔托的作品对我的启示最大。它最具动感，最有联系性，是学习艺术和技术最丰富的来源。"罗伯特·文丘里设计的建筑总是与社会、文化相关。他的创意灵感来源于所有的历史建筑和现有模式，因此他所设计的建筑既有个性，又与当地环境紧密相连。尽管他已经放弃了许多信仰，但他的作品还是被认为是后现代时期的一部分。

罗伯特·文丘里在做设计的时候，喜欢将简单而有美丽雕花的格式合并在一起，还经常在全面设计规划图中将讽刺和喜剧寓于其中，常以国际风格和流行艺术为指导，其作品还被当做设计平面的典范，这些模式常具有纪念性和装饰性。他以标记和符号为装饰，运用简单的几何图形，并将其融入他的设计中。他说道："建筑学应该涉及建筑的社会和历史之间的关联"，文丘里引用路德维希·密斯·凡德罗的名言："少就是多"，并形成了自己的观点。"少就是多"并不是指为了一定的利益需要更多的装饰，而是在风格和形式上更为丰富。

罗伯特·文丘里的作品、著作与20世纪美国建筑设计的功能主义主流分庭抗礼，成为建筑界中非正统分子的机智而又明晰的代言人。他的著作《建筑的复杂性和矛盾性》和《向拉斯维加斯学习》被认为是后现代主义建筑思潮的宣言。他反对路德维希·密斯·凡德罗的名言"少就是多"，认为"少就是光秃秃"。他认为现代主义建筑语言群众不懂，而群众喜欢的建筑往往形式平凡、活泼，装饰性强，又具有隐喻性。他认为赌城拉斯维加斯的面貌，包括狭窄的街道、霓虹灯、广告牌、快餐馆等商标式的造型，正好反映了群众的喜好，建筑师要同群众对话，就要向拉斯维加斯学习。因此过去认为是低级趣味和追求刺激的市井文化得以在学术舞台上立足。

罗伯特·文丘里的创意经常被别人模仿，比如山形房屋的前壁常常由分离的部分和凹进的中心部分隔开。在他的设计中，他常常用大面积的窗户去扩大传统的半圆形窗户，这样的圆形窗在他设计的建筑中经常出现。

1991年，罗伯特·文丘里获得了建筑界的大奖——普利茨克建筑奖。他的设计常常很抽象，并拥有历史的痕迹，但设计范围相当广泛，包括图书馆、住宅区、商务楼以及其他相关项目。罗伯特·文丘里的代表作品有费城母亲之家、费城富兰克林故居、伦敦国家美术馆、俄亥俄州奥柏林大学的艾伦美术馆、新泽西州大西洋城马尔巴罗·布朗赫姆旅馆的改建等。

罗伯特·文丘里总能在盛大的背景下将联系和同化合为一体，使他的建筑以一种和谐的方式与当地的环境相得益彰。他们不会因为已有的目的而忽视四周的环境，他这样说道："我喜欢建筑中的复杂性和对立性，这建立在近代观点的模糊性和丰富度中，还包含在与艺术的联系之中。"

点评

罗伯特·文丘里喜欢将简单而有美丽雕花的格式合并在一起，还经常在全面设计规划图中将讽刺和喜剧寓于其中，常以国际风格和流行艺术为指导，其作品还被当做设计平面的典范，这些模式常具有纪念性和装饰性。他以标记和符号为装饰，运用简单的几何图形，并将其融入他的设计中。

弗兰克·盖里：建筑界的毕加索

弗兰克·盖里，当代著名的解构主义建筑师，以设计具有奇特不规则的曲线造型、雕塑般外观的建筑而著称。弗兰克·盖里现在归于美国籍，生活在洛杉矶，是纽约哥伦比亚大学中有名的建筑学教授。

弗兰克·盖里，1929 年出生于加拿大多伦多，后转入加利福尼亚州，并在南加利福尼亚州大学获得建筑学硕士学位，毕业后在哈佛大学从事城市规划。弗兰克·盖里既受到南加利福尼亚州大学文化的激励，又广泛地吸取了来自艺术界的抽象片断和城市环境等方面的零星补充。弗兰克·盖里的作品相当独特，也很具个性，他的大部分作品中很少掺杂社会化和意识形态的东西。他通常使用多角平面、倾斜的结构、倒转的形式以及多种物质形式并将视觉效应运用到图样中去。弗兰克·盖里使用断裂的几何图形以打破传统习俗，对他而言，断裂意味着探索一种不明确的社会秩序。

在许多实例中，弗兰克·盖里将形式脱离于功能，他所建立的不是一种整体的建筑结构，而是一种成功的想法和抽象的城市机构。在许多方面，他把建筑工作当成雕刻一样对待，这种三维结构图通过集中处理就会拥有多种形式。艺术经常是弗兰克·盖里的灵感发源地，他对艺术的兴趣可以从他的建筑作品中了解到。同时，艺术使他初次使用开放的建筑结构，并让人觉得是一种无形的改变，而非刻意。弗兰克·盖里设计的建筑通常是超现实的、抽象的，偶尔还会使人深感迷惑，因此它所传递的信息常常使人误解。虽然如此，弗兰克·盖里设计的建筑还是散发出其独特、高贵和神秘的气息。

弗兰克·盖里采用多种物质材料、运用各种建筑形式，并将幽默、神秘以及梦想等融入他的建筑体系中。他曾说：“我喜欢这种在建筑过程中看不见的美，而这种美又常常在技术制造过程中失落了。”弗兰克·盖里在早期的工作中就大胆运用了开阔的空间、各种原材料以及不拘泥的形式来进行建造。弗兰克·盖里的建筑也包含了普通的过程，有继续进行的生命、进化中的生命和成长中的生命等。

弗兰克·盖里的设计范围相当广泛，包括购物中心、住宅、公园、博物馆、银行、饭店、胶合板家具以及曲状的椅子等，而且胶合板的椅子在市场上相当火暴。因此评论家们批判其打着艺术的招牌胡乱行事，但弗兰克·盖里并没有因此而停止自己的创作，他使用的材料从公众接受的木材到始料不及的金属铁丝网。

在某种程度上来说，弗兰克·盖里所精通的这种形式活生生地破坏了本国的总体流行形式。尽管他的作品与其他作品有很大程度的不同，但在某些类别上又有或多或少的联系。但是，在与传统的城市功能、形式、空间以及总体外形等方面的比较上，弗兰克·盖里的作品又有相当的优越感。他创造了一种独特的风格，在建筑形式上也开启了一个新的篇章。弗兰克·盖里在建筑和艺术间找到了共鸣，这也说明公众同样也渴望在建筑中融入艺术，这两项同样是不可预知并且充满了惊奇感。这种合成主要体现在明显与模糊、自然与人工、新与旧、晦暗与透明、堵塞与空旷等方面，这就是弗兰克·盖里与其他建筑师最为明晰的对照，因此弗兰克·盖里被誉为“建筑界的毕加索”。

点评

弗兰克·盖里将形式脱离于功能，他所建立的不是一种整体的建筑结构，而是一种成功的想法和抽象的城市机构。在许多方面，他把建筑工作当成雕刻一样对待，这种三维结构图通过集中处理就会拥有多种形式。艺术经常是弗兰克·盖里的灵感发源地，他对艺术的兴趣可以从他的建筑作品中了解到。同时，艺术使他初次使用开放的建筑结构，并让人觉得是一种无形的改变，而非刻意。

理查德·迈耶：白色经典

理查德·迈耶，美国著名建筑师，当代最有影响力的建筑师之一，现代建筑中白色派的重要代表。

理查德·迈耶，1935年出生于美国新泽西州东北部的城市纽华克，曾就学于纽约州伊萨卡城康奈尔大学。早年曾在纽约的SOM建筑事务所和布劳耶事务所任职，并兼任过许多大学的教职，1963年自行开业。大学毕业后，理查德·迈耶在马塞尔·布劳耶等建筑师的指导下继续学习和工作，他还是“建筑界五巨头”之一。由于受到勒·柯布西耶的影响，其大部分早期的作品都体现出了勒·柯布西耶的风格。1963年，理查德·迈耶在纽约组建了自己的工作室，其独创能力逐渐展现在家具、玻璃器皿、时钟、瓷器、框架以及烛台等方面。

理查德·迈耶设计的产品都颇为简练，既包括居家设计也包括商用设计。他设计的作品最大的特点是永远有自己的特性。由于其大胆的风格和值得称颂的执著，理查德·迈耶创造出颇为独特的粗壮风格。为了在展示方面做得更好，他将斜格、正面以及明暗差别强烈的外形等方面和谐地融合在一起。

这种强健的设计呈立方体状，似在召唤一种超现实主义的高科技仙境，其中包含着纯洁、宁静的简单结构。建筑的视觉感相当强大，也暗指所包括的空间。理查德·迈耶注重立体主义构图和光影的变化，强调面的穿插，讲究纯净的建筑空间和体量。在对比例和尺度的理解上，他扩大了尺度和等级的空间特征。理查德·迈耶着手的是简单的结构，这种结构将室内外空间和体积完全融合在一起。通过对空间、格局以及光线等方面的控制，理查德·迈耶创造出全新的现代化模式的建筑。他曾经说："我会熟练地运用光线、尺度和景物的变化以及运动与静止之间的关系。建筑学是一门相当具有思想性的科学，它由运动的空间和静止的空间组成，这其中的空间概念宛如宇宙中的氧气。虽然我所关心的一直是空间结构，但是我所指的不是抽象的空间概念，而是直接与光、空间尺度以及建筑学文化等方面都有关系的空间结构。"

理查德·迈耶的作品以"顺应自然"的理论为基础，表面材料常用白色，以绿色的自然景物衬托，使人觉得清新脱俗，他还善于利用白色表达建筑本身与周围环境的和谐关系。在建筑内部，他运用垂直空间和天然光线在建筑上的反射达到富于光与影的效果，他以新的观点解释旧的建筑，并重新组合几何空间。

理查德·迈耶说："白色是一种极好的色彩，能将建筑和当地的环境很好地分隔开。像瓷器有完美的界面一样，白色也能使建筑在灰暗的天空中显示出其独特的风格特征。雪白是我作品中的一个最大的特征，用它可以阐明建筑学理念并强调视觉影像的功能。白色也是在光与影、空旷与实体的展示中最好的鉴赏，因此从传统意义上说，白色是纯洁、透明和完美的象征。"

理查德·迈耶1967年完成的"史密斯住宅"和1973年建成的"道格拉斯住宅"，都是面朝大片澄碧湛蓝水面的洁白小楼，经过水平与垂直的精心分割，形成虚与实、方与圆、线与面的对比，充分展现出建筑的形式美；"新哈莫尼游客中心"是理查德·迈耶1979年的作品，楼体同样洁白纯净，外立面则丰富多变，在复杂的变异中营造出一种天然的平衡；1997年建成的"盖蒂中心"无疑是迈耶至今最著名的杰作，他根据山地的特定环境，沿着弯曲地貌巧妙构建建筑的布局，包括博物馆、研究机构等建筑，既保持个性，又有机地融为一体，建筑群均以白色大理石与白色水泥饰面，建筑群宏伟浩大又轻盈亮丽。

2003年10月26日，理查德·迈耶事务所设计的禧年堂在罗马正式开放。这座地标性的建筑将成为教堂设计的一个典范。教堂所在地距离罗马市中心约10千米，附近是一片20世纪70年代修建的中低收入居民住宅楼以及一座公共花园。教堂建筑面积约为1万平方米，包括教堂和社区中心，两者之间用4层高的中庭连接。建筑材料包括混凝土、石灰、华和玻璃。三座大型的混凝土翘壳高度从17米逐步上升到27米，看上去像白色的风帆。玻璃屋顶和天窗让自然光线倾泻而下。夜晚，教堂的灯光则营造出一份天国的景观。

“白”是理查德·迈耶的作品给我们的第 ·印象。尽管白色派的建筑未必白，但就理查德·迈耶而言，这个称号却是名副其实的。在以色彩浓艳的墙，红黄蓝绿的管线，眼花缭乱的装饰为标志的种种时髦设计面前，理查德·迈耶的白色建筑自有一种超凡脱俗的气派。与第二次世界大战后开始流行的暴露材料本色的设计相反，他做的白色光洁表面具有明显的非天然效果。这就是理查德·迈耶建筑的特点，也是他建筑的魅力所在——纯净。然而，纯净不等于单调，精练的设计可以同时是一个富于艺术表现力的设计，如果说路德维希·密斯·凡德罗后期那些钢加玻璃的大空间给人以冷峻之感，那么理查德·迈耶的作品则有另一番情调。虽然他的局部素材来自于现代建筑，但整体却没有枯燥的气氛，原因在于内外某些部分的体量被巧妙地增减，赋予建筑明显的雕塑风味。

点评

理查德·迈耶的白色建筑以其颜色上震撼人心的纯净给人们留下了极为深刻的印象。他的建筑作品总是犹如凌波仙子般超凡脱俗，理性思维和高度精细的构件处理使他获得了非凡的成功。

诺曼·福斯特：生活形态的设计者

诺曼·福斯特，当代驰名的建筑设计大师，“高技派”的代表建筑师，英国皇家建筑师学会会员。在近半个世纪的建筑设计生涯中，特别是20世纪70年代以来，他所创作的作品，对当代建筑界产生了重大影响，他也成为现代建筑潮流中的领衔人物。

诺曼·福斯特，1935年出生于英国的曼彻斯特，在曼彻斯特大学学习建筑学和城市规划，1961年毕业后获亨利奖学金去耶鲁大学学习，在那里取得了硕士学位。1963年以前，诺曼·福斯特一直在美国东西海岸从事城市更新和总体规划项目。诺曼·福斯特获得过全世界许多大学和组织的荣誉学位和奖金。他于1990年被英国女王封为爵士，1983年获得皇家金质奖章，1994年获美国建筑师学会金质奖章。他是众多学术团体的成员，在世界许多地方进行教学和讲学。他曾任建筑协会的副主席以及英国皇家建筑师学会的客座审查委员。

诺曼·福斯特青年时，在他的教师切马耶夫那里学习以技术为基础的现代主义建筑，后来又研究“高技派”之父拜克明斯特·富勒的轻质金属悬吊结构、路德维希·密斯·凡德罗以及其他高技派建筑师的作品。其中，美国加利福尼亚州的建筑师C·埃米斯用轻质钢和玻璃做成的简洁而灵活的自用住宅使他感受颇深。福斯特从耶鲁大学毕业后回国，协同建筑师罗杰斯、格德姆肖和法雷尔组成四人小组，着手探索新技术的建筑。1967年，他和罗杰斯合作设计了斯温顿管理电子工厂。这是英国第一幢“高技派”的建筑。

诺曼·福斯特是高技派建筑师的代表人物。他的建筑不像其他建筑师的作品一样具有一个固定的功能概念，而是被设计成具有多种功能和用途、能最大限度地发挥灵活性的庞大体系。轻质高强的建筑材料和大跨度的结构是他作品的基本特征，常常产生令人起敬的宏伟壮观的气势。地面和天花板之间近乎缥缈的流动空间好像一直延伸到城市环境当中，使人感觉余韵无穷。他以设计金融证券类商业建筑和机场建筑而闻名。1986年建成的香港上海汇丰银行总行令他在国际建筑界声名鹊起，随后的法兰克福商业银行和香港新机场更令其声望在建筑界达到顶峰，福斯特因帝国战争博物馆而获斯特林奖；2004年，再因俗称“小黄瓜”的伦敦摩天大楼圣玛丽斧街30号又一次折桂。他是第二位两次获得斯特林奖的英国建筑师。

香港汇丰银行是诺曼·福斯特的代表作。建筑处于高楼林立的繁华地带，诺曼·福斯特设计了一个全新的悬挂结构，将建筑物的垂直交通布置在两侧而不是中心，从而为中间部分争取了无障碍的、空前灵活的空间。同时，楼板还可以根据需要拆卸或安装。阶梯状的建筑外形是对当地防止遮阴的建筑法则的响应。建筑物的底部是架空的，行人可以自由穿过。汇丰银行面向海湾的一面显现出对称的形象，稳重而不粗糙。外露的钢铁桁架和玻璃幕墙包裹着的多面体好像是外星人制造的一部大机器，透出一种高技术的新鲜感和神秘感。

2003年11月，诺曼·福斯特在2008年奥运工程北京新机场的设计竞赛中脱颖而出，赢得了该项工程的设计招标。但是，首都机场新航站楼的设计，却成了这位高技派领军人物面临的一次巨大的挑战。这将是他设计生涯中最大，也是时间最为紧迫的一件作品。世界上著名的希斯罗机场达到同等规模所花费的时间，几乎是北京首都机场的10倍。这位有着飞行员经历的建筑师，却必须在短短的4年之中，将自己对飞行的理解、丰富的机场设计经验、高科技手段的应用与中国的传统文化结合在一起。他要设计的不仅是一座复杂的大型枢纽机场，同时也是中国的一道国门，是北京形象的一个代表。和以往的航站楼千篇一律的灰白色调不同，这次的首都机场新航站楼，在天花板的色彩上大胆选择了红色和金色，两种颜色呈现出渐变的色调。很容易就让人想到了中国古老的紫禁城。实际上，像这样强调自身设计与中国文化的紧密关系，正是福斯特在这次机场航站楼的设计中特意打出的一张王牌。从外观上看，航站楼外部的屋顶同样是金黄色，四周则由巨大的红色柱子支撑，从空中俯视，仿佛一条金色的巨龙。在福斯特以往的设计中，他总喜欢在建筑中体现让人心动的曲线美感，即使是在一些加入了严格职能要求的建筑里，我们依然可以轻易捕捉到福斯特用建筑表达美感的影子，比如伦敦市政厅和赛恩斯伯里视觉艺术中心。这一次，他在设计机场航站楼的时候，同样注重了这一点。虽然建筑必须要遵循一些严格的设计规律和工程逻辑，但是首都机场依然体现了让人心动的曲线美感。

诺曼·福斯特因其建筑方面的杰出成就，1997 年被英国女王列入杰出人士名册，1999 年获终身贵族荣誉，并成为泰晤士河岸的领主。福斯特还获得了众多的荣誉和奖项，主要有“工业建筑皇家设计师”“杰出设计师学会会员”、皇家工学院荣誉院士、英国皇家建筑学院和美国建筑师协会金质奖章等荣誉。1999 年，诺曼·福斯特荣获第 21 届普利茨克建筑奖。

点评

诺曼·福斯特认为，建筑应该给人一种强调的感觉，一种戏剧性的效果，给人带来宁静。他所创作的作品，对当代建筑界产生了重大影响，他也成为现代建筑潮流中的领衔人物。

安托内·普雷多克：抽象的大地景观建筑

安托内·普雷多克，美国建筑师，在美国新墨西哥州立大学和哥伦比亚大学完成了学业，是美国建筑学研究会的成员之一。由于受到墨西哥古代建筑以及路易·艾瑟铎·康和法兰克·洛伊·赖特等知名建筑师的影响，他的作品或多或少带有他们的影子。

安托内·普雷多克，1936年出生于美国宾夕法尼亚州东南的黎巴嫩。安托内·普雷多克把他的作品简单地描述为植根于土地而翱翔于天空。他对于区位的信仰与法兰克·洛伊·赖特极为相似，他将自然环境、地球、太阳和月亮等视作极为重要的自然因素。安托内·普雷多克设计的基本方法是明确的定位，唤起当地的灵性，将当地文化与自然融为一体。他还非常重视结构与环境的相互作用，将自己的设计风格定义为“抽象的景观”，因此，他将建筑与当地景观紧密结合在一起。他的大部分作品是在气候恶劣、地形复杂的西南部地区。安托内·普雷多克的设计以地形学为基础，能够使环境变得更为丰富多彩。

安托内·普雷多克说道：“在西南地区，我总以为在大地和天空之间有最基本的联系，在那里，你可以通过墨西哥式的土坯发现其中的奥妙，正是这些建筑深深地影响着我。这种土坯式的墙面建筑将大地和天空完美地结合在一起，它将泥墙无限地延伸到了天空，任何的装饰和结构都是次要的，只有墙面本身的力量才能与之相比。有时候建筑位置之间的联系是以轮廓开始，当我们第一次去西部地区的时候，我们完全释放了自己，这里有无限的景观、无限的空间，远山如黛，连绵的山脉与苍穹紧紧相连。我能领会这无尽的空间，但如何让建筑物以山脉为背景则需要相当的技巧。其中的一个选择是建古式的三角墙，这在传统上来说是与西方城市的基本建筑标准相符的；另一个选择是希望建立一个与当地景观相似的建筑。”

安托内·普雷多克运用大胆、简约格调设计的建筑颇具古墨西哥的风味，凭借其自信的处理手段和对颜色和素材的完美把握，他的设计总是给人耳目一新的感觉。安托内·普雷多克使用柔和的色调增加建筑背光面的特征，塔、墙壁、水、火、风、香、土坯、石头、灰泥、木材、金属以及水泥等，经常是他设计处理的基本素材和关键因素。

安托内·普雷多克设计的建筑物外观相当清晰而且柔和，同时也比较粗犷、强壮。他经常将设计建立在轴心和地平线上，这样的设计能将建筑很好地与地面联系起来。该建筑物的尺度相当大，所创造的空间包括由自然光线所产生的空间影子。西南地区设计的另一个特征是在他的设计中综合了水面平台的设计，这样既体现了审美观又能实现功能性等特征。通过成功的、区域性的建筑设计，安托内·普雷多克获得了“成功建筑师”的称号。他能够将结构、位置、自然光线、当地文化以及人文特征等融入到一个普通且和谐的背景之中，这就是他进行设计的显著特征。

安托内·普雷多克的代表作品有斯坦福大学国际研究所、拉斯维加斯图书博物馆、纳尔逊美术中心、欧洲迪斯尼圣达菲宾馆、美国遗产中心、曼哈顿海滨别墅、加利福尼亚州南维斯塔基地、橡树城市中心广场、加利福尼亚州 SSH 大楼、亚利桑那州菲尼克斯科研中心、新墨西哥斯宾塞艺术剧院、明尼苏达州艺术中心入口、斯克德摩尔学院唐朝博物馆等。

点评

安托内·普雷多克设计的建筑物外观相当清晰而且柔和，同时也比较粗犷、强壮。他经常将设计建立在轴心和地平线上，这样的设计能将建筑很好地与地面联系起来。安托内·普雷多克运用大胆、简约格调设计的建筑颇具古墨西哥的风味，凭借其自信的处理手段和对颜色和素材的完美把握，他的设计总是给人耳目一新的感觉。

保罗·安德鲁：建筑是人类的一种记忆

保罗·安德鲁，法国著名建筑大师，因其在世界范围内数不清的机场规划而闻名，特别是位于马尼拉、阿布扎比、雅加达、开罗、文莱和巴黎等地的机场。他曾荣获法国建筑大奖、佛罗伦萨、古德基金会大奖和阿加汗大奖，并是法国建筑学院和法兰西建筑科学院的院士。

保罗·安德鲁，1938 年出生在法国波尔多市附近的冈戴昂，1961 年毕业于法国高等工科学校。保罗·安德鲁先后攻读于巴黎国立综合工科学校、道路桥梁学院和巴黎国立美术学院，这都是法国乃至欧洲首屈一指的专业学院。保罗·安德鲁 30 岁时获得法国国家建筑师文凭，以后一直在巴黎机场公司工作。保罗·安德鲁具有深厚的建筑结构功底，同时又有法国人浪漫、求新的气质。他在机场及大型公共建筑领域创作了丰富多彩的作品，戴高乐 1 号、2 号机场都是由他主持设计的，在国际上他还设计了印度尼西亚雅加达机场、埃及开罗机场、坦桑尼亚达累斯萨拉姆机场、文莱机场、日本大阪关西机场、大阪海洋博物馆、英法跨海隧道的法方终点站以及我国的上海浦东机场和广州新体育馆等，他还曾与丹麦的斯佩克森合作完成了巴黎德方斯的大拱门。在保罗·安德鲁的影响下，巴黎机场公司的活动逐渐向大型标志性建筑设计的方向发展。1999 年，保罗·安德鲁领导的巴黎机场公司与清华大学合作，经多轮角逐，又在中国国家大剧院国际竞赛中一举夺标。提到保罗·安德鲁和巴黎机场公司，很多人自然而然地把他们与机场设计联系在一起，因为他们的确有50余座机场设计的经验。然而，类型只是品评建筑的一种表征，大量的问题与技术、材料、艺术等紧密联系在一起，最终传达出建筑设计水平的高低，而这些却正是我们亟待提高的重要内容。保罗·安德鲁的作品系列和建筑追求是非常独特的，他的代表作之一的戴高乐机场的建设历经30余年，有着高品质的完成度和震撼人心的感染力。

中国国家大剧院也是由法国建筑师保罗·安德鲁主持设计，设计方为法国巴黎机场公司。国家大剧院建筑屋面呈半椭圆形，由具有柔和的色调和光泽的钛金属覆盖，前后两侧有两个类似三角形的玻璃幕墙切面，整个建筑漂浮于人造水面之上，行人需从一条80米长的水下通道进入演出大厅。大剧院造型新颖、前卫，构思独特，是传统与现代、浪漫与现实的结合。这座“城市中的剧院、剧院中的城市”计划以一颗献给新世纪的超越想象的“湖中明珠”的奇异姿态出现。

作为一位建筑师，保罗·安德鲁用不同于“纯”建筑的方式来看待他的建筑，他的方法并不是将美学标准进行简单的复制或者无想象力地应用于基础结构中，而是积极探索并且使其遵循一个严格的规则。作为一位建筑师，保罗·安德鲁在机场建造领域具有很高的造诣。

点评

保罗·安德鲁的建筑是一个典型的世界，一个理想化的地方，在那里所有的设施功能齐全，人们身处其中会感到舒适、惬意。保罗·安德鲁一直在不懈地追求着这样的一个世界。他的名字被篆刻在广袤的领域里，在大城市的外表上，在那些他去之前曾是不毛之地的地方。

雅克·赫尔佐格：基于知识的设计

雅克·赫尔佐格，瑞士著名建筑师，排名于同时代最成功和最有影响力的建筑师之中，是中国国家体育场“鸟巢”的建筑设计师。

雅克·赫尔佐格，1950 出生于瑞士的巴塞尔，曾在苏黎世联合工业大学接受教育，并于 1978 年与德梅隆合作在巴塞尔建立了建筑事务所。雅克·赫尔佐格的建筑事务所在伦敦、苏黎世、巴塞罗那、旧金山和北京都有分支机构。在从事建筑领域的事业同时，雅克·赫尔佐格也在世界范围内被邀请做大会演讲和教授。2001 年，雅克·赫尔佐格获得了普利茨克建筑奖。

赫尔佐格和德梅隆设计事务所在其成立初期就引起了国际关注。1987 年，瑞士劳芬的利口乐仓储大楼是事务所的破冰之举。1998 年，建立于美国加州亚纳帕山谷的道密纽斯酒厂使事务所在美国名声鹊起。1992 年，德国慕尼黑戈兹美术馆——现代艺术私人藏品艺廊，成了现今一系列国际知名博物馆建筑的先驱之作。随后，1999 年的德国杜伊斯堡的库珀斯穆勒博物馆和 2001 年瑞士的劳伦茨基金会巴塞尔陈列室也成为知名作品。其中，巴塞尔陈列室将货舱和博物馆巧妙地结合起来，向大众展现了一个全新的艺术空间形式。但事务所最为著名的作品应该是泰特现代美术馆，2000 年呈现于世人面前的泰特现代美术馆是由泰晤士河上巨大的伦敦河岸发电站改造而来的。2005 年赫尔佐格和德梅隆设计事务所被再一次委任，为泰特现代美术馆的扩建工程和周边区域进行设计，该项改建工程预计在2012年完成。2005年，事务所设计的美国明尼阿波利斯的沃克艺术中心扩建项目、旧金山德扬博物馆新馆建设项目同时竣工。

雅克·赫尔佐格在中国，因“鸟巢”而被人们熟知，尽管“鸟巢”遭到巨大的批评和争议，但这个设计在人们的心目中仍然有着令人惊异的位置。他认为，“鸟巢”的“遭遇”颇似当年的巴黎埃菲尔铁塔，多年后人们会看到意义的所在。但也不要走进误区，只注意节能而忽视了形式，任何民族都爱美，没人喜欢丑陋的东西。形式对建筑师来说意味着机会，应给予重视。

雅克·赫尔佐格是德国巴伐利亚州艺术家协会的成员，该协会由30多人组成，有画家、雕塑家等。他还是柏林艺术家协会的成员，这个协会是个世界性组织，建筑师福斯特、皮阿诺等均是该协会的成员，他们共同探讨如何用技术来表现艺术。

雅克·赫尔佐格的设计哲学是“基于知识的设计”，这需要不断地学习，而研究便是一种学习的过程。“建筑不应追从任何一个潮流，不遵循当然也不刻意与某一种风格区别。它是随性而成的，就像一棵树的变化，在夏天是那么丰盛，在秋天开始凋零，到冬天就会变成枯枝，不同的时空总是造就不同的情形，所以我的建筑也是自然的。”带着这样的追求，雅克·赫尔佐格为世界带来了一个个令人过目不忘的精彩建筑。

无论是普利茨克建筑奖、英国皇家建筑师协会皇家金奖，还是日本皇家文化大奖，对于雅克·赫尔佐格来说早已成为过眼烟云，他更看重的是希望自己设计的建筑能够成为人们生活中的一部分。

点评

雅克·赫尔佐格认为，建筑不应追从任何一个潮流，不会遵循哪一种风格，当然也不会刻意与谁区别。建筑是随性而成的，就像一棵树的变化，在夏天是那么丰盛，在秋天开始凋零，到冬天就会变成枯枝，不同的时空总是造就不同的情形。

扎哈·哈迪德：解构主义大师

扎哈·哈迪德，著名英国建筑设计师，是迄今为止唯一的获得普利茨克建筑奖的女性建筑师。

扎哈·哈迪德，1950 年出生于伊拉克首都巴格达，在黎巴嫩就读过数学系，1972 年进入伦敦的建筑联盟学院（简称 AA 建筑学院）学习建筑学，1977 年毕业获得伦敦建筑联盟硕士学位。此后她加入大都会建筑事务所，与雷姆·库哈斯和埃利亚·增西利斯一道执教于 AA 建筑学院，后来在那里成立了自己的工作室，直到 1987 年。扎哈·哈迪德至今一直从事学术研究，曾在哥伦比亚大学和哈佛大学任访问教授，在世界各地教授硕士研究生班和各种讲座。1994 年扎哈·哈迪德在哈佛大学设计研究生院执掌丹下健三教席。

扎哈·哈迪德于 1983 年开始在 AA 建筑学院展出大型绘画回顾展，此后其绘画作品一直在世界各地展出。大型展出地点有纽约古金汉博物馆、东京 GA 画廊、纽约现代艺术博物馆、哈佛大学设计研究生院和纽约中央火车站候车室。扎哈·哈迪德的作品还被众多机构如纽约现代艺术博物馆和法兰克福德意志建筑博物馆作为永久收藏品收藏。

扎哈·哈迪德的作品并非全然地西化与现代性。在伊拉克长大的扎哈·哈迪德，从小便迷于波斯地毯繁复的花样，借由织工的双手，波斯地毯将现实转化为多彩多姿的世界。无独有偶，织工也多半为女性。对哈边德最直接的影响仍是伦敦的建筑联盟学院。她在那里就学时，该学院可说是处于黄金时期，堪称全世界的建筑实验中心。学院继承“建筑图像派”的传统，学院的多位师生——库克、库哈斯、楚米、寇斯，将现代世界的撼动转化为他们作品的主题与造型。他们勇于作为全新的现代主义者，尝试捕捉不断变化的能量，增加新视点，企图为现代性提出新视点。不管是楚米的趣味狂笑、库哈斯的神秘拼贴，还是库克的宣示性，他们都将多向度透视、快速移动而强烈的造型和科技性的架构，整合为意象，这些意象的表现乃是描述多于定义。

扎哈·哈迪德的建筑作品使她在学术界和公众中赢得了广泛的声誉。她所设计的注明日期的最优秀最著名的工程是，德国的维特拉消防站和位于莱茵河畔威尔城的州园艺展览馆，英国伦敦格林尼治千年穹隆上的头部环状带，法国斯特拉斯堡的电车站和停车场，奥地利因斯布鲁克的滑雪台，以及美国辛辛那提的当代艺术中心。中国北京 SOHO 城的总体设计和广州歌剧院的设计也是扎哈·哈迪德的创作。

扎哈·哈迪德的设计大胆激进并且极具时代特色。她能够敏锐地捕捉到时代的热点，以新异的建筑语言给我们带来意想不到的惊喜。扎哈·哈迪德的建筑创作理念是以复杂性思想、超理性思想和景观思想为基石而形成的。她在建筑创作中以时代的复杂性作为设计的总策略；以发展的眼光重新定义了“理性”的内涵；以每个建筑作品的创作来实践其独到的景观思想。扎哈·哈迪德独特的设计理念催生了她个性化的设计手法。在对建筑基地的处理上，她以创造公共化的景观为目的；在建筑空间的构建上，她追求空间的连续性、流动性、不明确性和混杂性，改变了人们对空间的常规认识；在建筑形态的塑造上，强烈的动感是扎哈·哈迪德永远的追求。

多方位出击的扎哈·哈迪德走着理论学术研究与设计实践并重的路子，她的实践几乎涵盖所有的设计门类。1983 年，她在伦敦展出大型绘画回顾展。此后，她的一些颇具实验性和前卫的绘画作品一直在世界各地展出，作品被众多机构如纽约现代艺术博物馆和法兰克福－德意志建筑博物馆永久收藏。这些，都反映出一位女性设计师独特的广阔的视野。

从扎哈·哈迪德的多项设计作品的构思和表达方面来看，她与众不同的伊斯兰文化背景显然弱于其所接受的英国式传统的保守精神。但不可否认的是，她的性格之中还有着强硬、激越的一面，她的许多设计手法和观念似乎是在被阿拉伯血统中的刚劲精神热烈地鼓舞着勇往直前。与此同时，她也在一些“随性”和流动的建筑设计方案之中流露出贴近自然的浪漫品位。以“打破建筑传统”为目标的哈迪德，一直在实践着让“建筑更加建筑”的思想，于是才会有超出现实思维模式的、突破式的新颖作品。

2004年3月21日，位于洛杉矶的海耶基金会宣布了被誉为建筑界诺贝尔奖的普利茨克奖本年度的得主，出生于巴格达的英籍女建筑师扎哈·哈迪德获此殊荣。此次蟾宫折桂让她创下了两个之最：该奖项创立25年以来第一位获此大奖的女性最年轻的获奖者。

点评

扎哈·哈迪德是当代建筑艺术领域中最有天赋的从业者之一。从她的最早的绘画和模型到当前处于进展中的建筑物和作品中，可以看到其中始终含有原创的和强烈的个性视觉，这种视觉已经改变了我们观察和体验空间的方法。哈迪德的碎片几何结构和液体流动性比创造一个抽象且动态的美好事物要做更多工作，这是一种探索和表达我们生活于其中的世界的主要工作。

圣地亚哥·卡拉特拉瓦：行走在建筑之间的圣者

圣地亚哥·卡拉特拉瓦，是世界上最著名的创新建筑师之一，也是备受争议的建筑师。圣地亚哥·卡拉特拉瓦以桥梁结构设计与艺术建筑闻名于世，他设计了威尼斯、都柏林、曼彻斯特以及巴塞罗那的桥梁，也设计了里昂、里斯本、苏黎世的火车站。最近的作品就是著名的2004年雅典奥运会主场馆。

圣地亚哥·卡拉特拉瓦，1951年出生于西班牙瓦伦西亚的贝尼马米特，在巴伦西亚修完建筑与城市设计专业以后，于1979年获得了瑞士苏黎世联邦工学院的结构工程博士学位，随后留校任教，并开始参加建筑设计竞赛，1981年在苏黎世开设了自己的建筑和土木工程事务所。最初他所做的实际项目多是火车站、机场和桥梁这一类东西，好像和交通问题结下了不解之缘。他设计的桥梁以纯粹结构形成的优雅动态而举世闻名，展现出技术理性所能呈现的逻辑之美，而又仿佛超越了地心引力和结构法则的束缚。有时候，他的设计难免会让人想起星外来客，极其突兀的技术美似乎全然出乎地球人的常规预料。这当然是得益于他在结构工程专业上的特长。早自20世纪初以来，桥梁的设计一直被托付给了路桥结构工程师，建筑师退避三舍好像已成习惯。由于有了圣地亚哥·卡拉特拉瓦，全世界的建筑师们才忽然发现了这新课题。在20世纪90年代前后爆发了对桥梁进行建筑设计的热潮，从一个新的角度重新开始塑造城市中的这类元素，进而影响到城市的面貌。

2001年，圣地亚哥·卡拉特拉瓦在美国的第一个作品建成，它就是威斯康辛州密尔沃基的美术博物馆扩建工程。此地原有一个旧馆，是在1957年由当地的建筑师事务所设计的。这一次，圣地亚哥·卡拉特拉瓦加建的展厅，名号不大，其实却造成了绝对喧宾夺主的局面。

圣地亚哥·卡拉特拉瓦建的密尔沃基美术博物馆位于密执安湖畔，粼粼波光似乎是全球各地很多博物馆建筑不约而同偏爱的环境条件。在美术馆旁边还有另外一个优秀而悠久的建筑，是埃罗·沙里宁1957年设计的战争纪念馆。为了尽情发掘地段环境与生俱来的优美潜力，圣地亚哥·卡拉特拉瓦把建筑放成了在水一方。正对着地段西面，是当地的重要干道，林肯纪念大道。圣地亚哥·卡拉特拉瓦沿着大道的方向新建起了一条拉索引桥，跨度长达73米，把人们的视线直接引导到了新建的建筑上来，笔直地正对着新美术馆的主要入口。引桥的做法，和他在1992年为塞维利亚世界博览会设计的竖琴般的阿拉密洛大桥有着类似的构造思路，不过这次是个具体而微的版本罢了。然而桥下并没有水，湖水更在美术馆的身后。

早在1983年设计苏黎世的一个火车站的时候，圣地亚哥·卡拉特拉瓦就已经充分挖掘了混凝土结构的雕塑表现力，把20世纪50年代由埃罗·沙里宁和布鲁诺·奈尔维发扬到了巅峰水准的结构美做得进一步地纯和美。在密尔沃基美术馆里，他以厚重的混凝土拱作为基本元素反复叠加，一通操控下，沿着南北轴线长长向北伸展的展览空间产生了统一的形象特征，都归结在了遵循结构规则的绵长韵律中。最简单、最朴实的结构功能，造就了极其雅致而壮丽的美。由于混凝土的拱远远伸出的远端正好为展廊托出了檐口，因此展廊里能得到的，基本上只是室外地面反射回来的漫射光，既保证了足够的自然采光，又避免了阳光直射对藏品的破坏。长排长排的拱的重复让人联想到教堂时代的结构方式，自然地，又为这个空间添了几分神圣感。

人们可以从三个层次上来理解圣地亚哥·卡拉特拉瓦的作品：首先，它们都通过优化的设计方案来解决实际问题；其次，解决问题的手法以及设计理念常常在作品中表现得一目了然，从而增强了作品的“可读性”，引起共鸣；最后，这些作品令人赏心悦目的同时，开创了一条解决建筑问题的全新思路，并促使我们思考有关建筑本质的问题。卡拉特拉瓦的工程使人想起复杂的有机生命体的构成方式。这可以作为一个理由来解释为什么他设计的桥梁、瞭望塔以及建筑群像是从景观中生长出来的一样，不仅贴切而且加强了景观感。当然，他设计的形式并不是纯粹的模仿，也不是直接采用有机体的式样。他的设计方案，或者说他在自然中所作的画，其灵感来自于生物体，尤其来自于人体的骨架、循环系统以及皮肤的活动与生长方式。此外，他也从身体的特技动作与舞蹈者克服重力的姿势中获得了丰富的灵感，捕捉形变，并将之加入到一个流动的世界中去。

因此，当圣地亚哥·卡拉特拉瓦设计的建筑如同植物一样植入景观时，此建筑不仅不会抑制景观本身的特征，反而还能加强景观的唯一性。当他的作品放置于被遗忘的城市外围时，能给这个地方带来希望和复兴的渴望。圣地亚哥·卡拉特拉瓦的工程同时具有三个层次：作为建筑，它们具有稳定性与抗瓦解性；作为容器，它们使人类及其活动具有容纳性；作为表皮，它们具有对某处地点的遮蔽性。圣地亚哥·卡拉特拉瓦在建筑的这三个方面作出了杰出的贡献。毋庸置疑，他的高质量的设计是集体思想和协作努力的结晶。他的成功应归功于他众多技巧和才能的综合，这些技巧和才能使得工程与众不同。卡拉特拉瓦能够综合多种知识，在普遍水平上思考并不断地创造，这是非常难能可贵的。

点评

由于圣地亚哥·卡拉特拉瓦拥有建筑师和工程师的双重身份，所以他对结构和建筑美学之间的互动有着准绳的掌握。他认为美态能够由力学的工程设计表达出来，而大自然之中，林木虫鸟的形态美观，同时也有着惊人的力学效率。所以，他常常以大自然作为他设计时启发灵感的泉源。

山琦实：国际主义设计代表人物

山琦实，美国重要的现代主义、国际主义设计代表人物，他与米斯有非常密切的关系，设计上深受米斯的影响。

山琦实，日本移民的后裔，1912 年出生于西雅图，毕业于华盛顿大学。20 世纪 30 年代口袋里仅有 40 美元的山琦实从华盛顿移居纽约，找到了一份很好的差事，那就是与施里夫、兰姆和哈蒙等一起承担帝国大厦的设计工作。在 1973 年世贸中心双子楼落成之前，帝国大厦是世界上最高的大楼。

1954 年，山琦实接受圣路易斯市的委托，设计一批低收入住宅，为了表达他对现代主义精神不亡的坚定立场，他采用了典型的现代主义设计手法，特别是勒·柯布西耶的主张和二三十年代国际主义建筑集团国际现代建筑大会的立场，否定装饰、朴实无华、预制构件的功能主义特征，简单的工业材料。这一批 9 层楼高的建筑因而冰冷到了极点，建筑群落工整有致，毫无情感，好像监狱建筑一样。完工以后，即便低收入的穷人也因为设计非人性化而不愿迁入，因为他们感到好像住入监狱区一样。从 50 年代到 70 年代，这批建筑的入住率不到 1/3，市政府难以维持，终于在 1972 年决定把这个巨大的建筑群炸毁。詹克斯说：“普鲁伊特－艾格大厦倒塌之后，我们开始进入后现代建筑的错综复杂的矛盾世界。”

20 世纪 60 年代后期到 70 年代中期，是美国高层建筑最辉煌的时期，由于建筑技术的成熟和美国整体经济实力的强盛，这一时期的高层建筑无论在高度、功能还是数量方面都取得了惊人的增长，于是，就在纽约诞生了这幢“双子大厦”。大厦由美国籍日本建筑师山崎实设计。在山崎实看来，世界贸易中心建筑的基本问题是“寻找一个美丽动人的形式和轮廓线，既适合于曼哈顿区的景观，又符合世界贸易中心的重要地位”。他认为，人类既然能够建造摩天大楼，就一定能够理解摩天大楼。所以，在 100 多个设计方案中，山崎实最终确定了后来矗立在纽约曼哈顿的“双子大厦”的设计方案。这个方案高宽比为 7∶1，由密集的钢柱组成，钢柱之间的中心距离只有一米多，所有窗都是细长形，那些由钢柱构成的挺拔向上的线条，以及从第 9 层向下三根柱合为一根，合并处设计成尖拱状，颇具哥特式风格，那些连续不断的尖拱式门洞，更使人联想到哥特式建筑的典型形式，想到欧洲传统文化与艺术的蜕变。

山琦实本人偏爱选择低层居住，随着年龄的增长，已经设计了世界上很多引人注目的商业大厦的山琦实，越来越喜欢印度非常感性的建筑风格以及日本传统的祥和安宁的建筑设计，尤其喜欢泰姬陵，这对于山琦实来说，似乎是一种审美的矛盾。有谁会比山琦实自身更矛盾的呢？他说：“在当今世界，人们需要风格宁静的建筑以保持头脑清醒，高楼大厦不应该让人敬畏和引人注目，而应作为当代人活动的良好场所。”

点评

有人用山琦实一生四次婚变，最终还是与他第一任妻子复婚的故事调侃，说世界贸易中心大厦的消亡，是他的艺术与设计循环到了起点，而与第一任妻子复婚，是他情感循环到了起点。由此可见，徜徉在艺术与科学之间的现代设计，必然要在发展中不断地吸收、融合。

世界建筑瑰宝

万里长城：人类历史的奇迹

万里长城，是我国古代一项伟大的防御工程，它凝聚着我国古代劳动人民的坚强毅力和高度智慧，体现了我国古代工程技术的非凡成就，也显示了中华民族的悠久历史，是我国古代劳动人民创造的奇迹。

自秦朝开始，修筑长城一直是一项大工程。秦朝时，秦始皇就使用了近百万劳力修筑长城。当时，没有任何机械，全部劳动都得靠人力，而工作环境又是崇山峻岭、峭壁深壑，可以想象，如果没有大量的劳动力进行艰苦的劳动，是无法完成这项巨大工程的。

万里长城，位于我国的北部，东起鸭绿江，西至内陆地区甘肃省的嘉峪关，横贯河北、北京、内蒙古、山西、陕西、宁夏、甘肃七个省、市、自治区，全长约7000千米，在世界上有“万里长城”之誉。它东西南北交错，绵延起伏于我们伟大祖国辽阔的土地上，好像一条巨龙，翻越巍巍群山，穿过茫茫草原，跨过浩瀚的沙漠，奔向苍茫的大海。在古代，有20多个诸侯国家和封建王朝修筑过长城，若把各个时代修筑的长城加起来，大约有5万千米以上。其中秦、汉、明3个朝代所修长城的长度都超过了5000千米。现在我国新疆、甘肃、宁夏、陕西、内蒙古、山西、河北、北京、天津、辽宁、吉林、黑龙江、河南、山东、湖北、湖南等省、市、自治区都有古长城、烽火台的遗迹。其中仅内蒙古自治区的长城就达1．5万多千米。

绵延万里的长城并不只是一道单独的城墙，而是由城墙、敌楼、关城、墩堡、营城、卫所、镇城烽火台等多种防御工事所组成的一个完整的防御工程体系。这一防御工程体系，由各级军事指挥系统层层指挥、节节控制。以明长城为例，在万里长城防线上分设了辽东、蓟、宣府、大同、山西、榆林、宁夏、固原、甘肃九个军事管辖区来分段防守和修缮东起鸭绿江，西止嘉峪关，全长7000多千米的长城，称作“九边重镇”，每镇设总兵官作为这一段长城的军事长官，受兵部的指挥，负责所辖军区内的防务或奉命支援相邻军区的防务。明代长城沿线约有100万人的兵力防守。总兵官平时驻守在镇城内，其余各级官员分驻于卫所、营城、关城和城墙上的敌楼和墩堡之内。

长城作为防御工程，所经地形极为复杂，根据地形又采用了不同的奇特结构，充分展示了华夏祖先的聪明才智，在世界古代工程史上可谓罕见。长城在重要道口、山口、山海交接处设立关城，既便于交通，又有利于防守。在墙身上每隔不远处建有突出的墙台，用于左右射击。长城每隔一段距离，设有敌楼，用于存放武器、粮食和士兵居住，战时用作掩体。长城沿线还建有独立的烽燧、烽火台，用于在敌人入侵时，举火燃烟，迅速传递信息。城墙沿着山坡起伏延伸，穿过沙漠和沼泽。土制的墙以石头为地基，表面用砖块贴饰。从瞭望台上能看到烟雾信号，而在晚上利用篝火，这样消息能以罕见的速度横越全国。

自修建以来，长城就在中国历史上扮演着举足轻重的角色。长城的守失关系着许多朝代的更替，关系着中华民族的兴衰。伴随着长城内外著名战役的发生，英雄人物云涌而出，大大丰富了这座亘古建筑的文化内涵。如战国时代的赵国名将李牧，后代为纪念其功绩，在雁门关修建了李牧祠作为纪念，至今其遗址犹存。民间也流传着许多关于长城的故事，其中最著名的是孟姜女哭长城，在山海关还建有孟姜女庙，前来参拜的人络绎不绝。

在中国历史的长河中，许多封建王朝为了巩固自己的统治，曾经对长城进行过多次修筑。我国古代千千万万劳动人民为它贡献了智慧，流尽了血汗，使它成为世界一大奇迹。不论是巨龙似的城垣，还是扼居咽喉的关隘，都体现了当时设防的战争思想，而且也显示着当时建筑技术的高超水平。明朝时期，随着封建经济的高度发展，建筑业也出现了规模巨大的生产流程和比较科学的烧制砖瓦作坊。因此砖的制品产量大增，砖瓦已不再是珍贵的建筑材料，所以明长城不少地方的城墙内外檐墙都以巨砖砌筑。在当时全靠手工施工，靠人工搬运建筑材料的情况下，采用重量不大，尺寸大小一样的砖砌筑城墙，不仅施工方便，而且提高了施工效率，提高了建筑水平。其次，许多关隘的大门，多用青砖砌筑成大跨度的拱门，这些青砖有的已严重风化，但整个城门仍威严峙立，表现出当时砌筑拱门的高超技能。从关隘的城楼上的建筑装饰看，许多石雕砖刻的制作技术都极其复杂精细，反映了当时工匠匠心独运的艺术才华。

万里长城是世界上修建时间最长，工程量最大的冷兵器时代的国家军事性防御工程，凝聚着我们祖先的血汗和智慧，是中华民族的象征和骄傲。自公元前七八世纪开始，延续不断修筑了2000多年，分布于中国北部和中部的广大土地上，总计长度达5万多公里，被称之为“上下两千多年，纵横十万余里”。如此浩大的工程不仅在中国就是在世界上，也是绝无仅有的，因而其在几百年前就被列为世界七大奇迹之一了。

点评

万里长城从春秋战国开始，伴随着中国长达2000多年的封建社会行进。众所周知，一部悠久的古代中国文明史，封建社会是最丰富、最辉煌的篇章，举凡封建社会重大的政治、经济、文化方面的历史事件，在长城上都打下了烙印。金戈铁马、逐鹿中原、改朝换代、民族争和等在长城上都有所反映。长城作为一座历史的实物丰碑，将永存在中华大地上。

佩特拉古城：玫瑰红古城

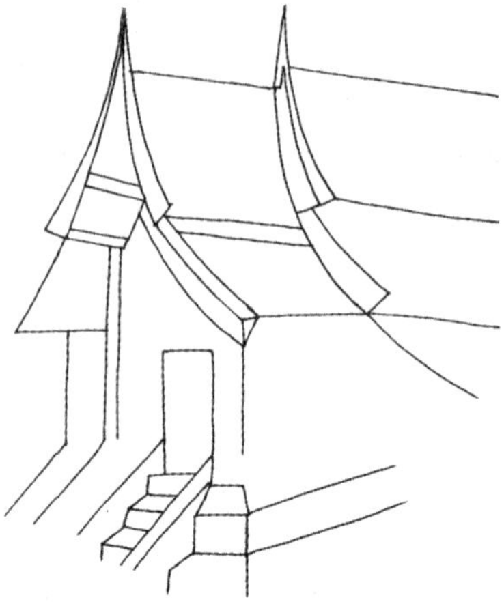

佩特拉古城，是约旦南部的一座历史古城，它是约旦南部沙漠中的神秘古城之一，也是约旦最负盛名的古迹区之一。

佩特拉古城，距约旦首都安曼约 260 千米，隐没于死海和阿克巴湾之间的山峡中，位于干燥的海拔 1000 米的高山上。它几乎全是在岩石上雕刻而成的，并以岩石的色彩而闻名于世。佩特拉古城因其色彩而常常被称为“玫瑰红古城”。实际上，这里的岩石不只呈红色，还有淡蓝、橘红、黄色、紫色和绿色。2007 年 7 月 8 日佩特拉古城被评选为世界新七大奇迹之一。

佩特拉古城，是公元前 4 世纪至公元 2 世纪纳巴泰王国的首都，在希腊语里是“岩石”之意。佩特拉古城有一条长约 1．5 千米的狭窄峡谷通道。建筑物雕凿在悬崖峭壁面内，其房间也隐没在岩石之中。峡谷最宽处约 7 米，最窄处仅 2 米左右，两侧雕凿有洞窟、岩墓等。峡谷尽头豁然开朗，耸立着一座高约 40 米、宽约 30 米的依山雕凿的哈兹纳赫殿堂。穿过哈兹纳赫殿堂前面的小峡谷，有古罗马剧场遗迹。剧场后面有一片开阔地，城市依四周山坡建筑而成，有寺院、宫殿、浴室和住宅等，还有从岩石中开凿出来的水渠。在东北部的山岩上开凿有石窟，其中有一座气势雄伟的三层巨窟，正面为罗马宫殿建筑风格，是历代国王的陵墓。现设有佩特拉石窟博物馆。联合国教科文组织已将该处列为世界文化遗产之一。

佩特拉古城的岩石带有珊瑚翡翠般的微红色调，在阳光照射下闪闪发亮。远观垒垒石窟构成的楼群，好似天上琼楼仙阁，尤其在朝阳和晚霞的照射下，整座城市就会变成玫瑰色，所以佩特拉又称“玫瑰红古城”。这座方圆 20 平方千米的古城，寺院、宫殿和住宅等建筑物都在岩石上开凿出来，蔚为壮观。

佩特拉古城核心是一个大广场，广场正面是一座高 40 多米，宽 30 多米，依山雕凿的殿堂——哈兹纳赫，意为“金库”。传说里面曾收藏着历代佩特拉国王的财富，也有人说它是一座陵墓。哈兹纳赫造型宏伟，有 6 根罗马式门柱，整座建筑分上下两层，横梁和门檐雕有精细的图案。上层有就山岩雕凿出的圣母、天使和带有雄健翅膀的武士像，形象逼真。石壁上的原始壁画色彩虽已暗淡，但粗犷线条勾画出的画面仍然清晰可辨。

佩特拉古城遗址山脚下有一座具有拜占庭风格的古庙建筑——本特宫，也称“女儿宫”。传说当年城市缺乏水源，国王下令如有人能引水入城，愿以公主相许。后有一建筑师从谷外的穆萨村，劈山筑渠，引水入城，国王便将公主下嫁给他，此宫遂改称“女儿宫”。现在峡谷进口处石壁左边的水槽，即是当年的引水处。

公元 106 年古罗马人接管佩特拉古城以后，该城市仍然十分繁华。但后来因贸易路线改变，佩特拉古城的重要性大为削弱。最终佩特拉古城被遗弃了，直到 1812 年后才被人发现。

点评

佩特拉古城反映了纳巴泰王国五百年繁荣时期的历史，古城多数建筑保留了罗马宫殿式的风格，表明古纳巴泰人曾受到罗马文化的影响。因此，从古城的遗迹，我们可以了解古纳巴泰文明，还可以从中了解到许多罗马文化，是罗马文明研究的重要参考。

马丘比丘城堡：古老的山顶

马丘比丘城堡，在克丘亚语中，意为“古老的山顶”，它是世界七大古迹之一。马丘比丘城堡的两边是悬崖峭壁，山下激流湍湍，地势十分险要。早在公元前，印加人就在这里休养生息，创造了灿烂的文化。

马丘比丘城堡，坐落在秘鲁库斯科城西北 110 千米处，一座海拔 2458 米的山巅上，被热带丛林所包围。该城堡可能是印加帝国全盛时期最辉煌的城市建筑，那巨大的城墙、台阶、扶手都好像是在悬崖绝壁上自然形成的一样。城堡矗立在安第斯山脉东边的斜坡上，环绕着亚马逊河上游的盆地，那里的物产极为丰富。

马丘比丘的城堡及其所在地区的其他古建筑几乎都是在公元 15 世纪建造的，那时正是印加帝国开始扩张，由巴恰古蒂统治的时期。整座城堡坐落在乌鲁巴姆巴河两座绝峰中间的一座较矮平削的山峰盆地上，四面山峰环立如屏障。站在城堡上，好像一伸手就可以触到群峰巅似的，难得一见。由于所处的地理位置特殊，它成为印加王朝最隐藏地。这里有古城墙、平台和岩石上凿出的巨大斜梯，一切都宛如大自然的延续，所有建筑都与其所处的自然环境融为一体。

马丘比丘的城郭用巨大的花岗石建成，迤逦壮观，气势磅礴，宛如一道屏障，故有“秘鲁长城”之称。城内的街道虽不宽敞，但整齐有致，石门石巷，曲折非常。迷宫似的神殿、王宫、住宅、院落错落其间，在所有建筑中，军用塔楼、御苑、公主宫、要塞群、神圣广场、宏大寺、三扇寺及印地华塔纳寺最为精美。房屋建造全用巨大的石块堆垒而成，每一块都是论吨计的巨石。磨工是那样准确，所砌成的圆弧度是那样的圆滑，尖的角度也是恰好地一层一层尖削上去的。石与石之间，没有任何黏合物，但是黏合得紧密竟到了想用小刀插进也难的程度。窗户均呈三角形，顶端仅置一块石头。街道上有石头铺的渠道，作供应居民饮水之用。这是一条暗渠，渠道由上下两条半圆形的石头扣合起来，像竹节一样一节连着一节。流水的孔洞并不大，但石槽吻合得非常严密，再加上地面盖上石板，便形成一条密封的地下水渠。不仅保持了水的清洁，也减少了蒸发。

宽阔的“神圣广场”中央，竖有印加人用以测定时间的巨大日晷。印加人崇尊太阳神，据说城中巨大的太阳神庙，完全由未婚少女管理。在高山之上，伫立着“拴日椿”。这里值得注意的是这些木乃伊中90%以上是妇女。这就证实了此处不可能是军事重镇，而可能是供奉太阳神的童女庙。根据印加人的习俗，他们为了崇拜太阳神，往往从贵族家庭中挑选一些才貌出众的女孩，送进童女庙专门来供奉太阳神，她们终身在此隐居，死后就葬在这里。而那些少数的男子则是为她们的圣职服务的。

证明马丘比丘城堡可能是神庙的另一根据，是它城堡的正门就叫太阳门。这些城门遗迹，建筑精巧又雄伟。城内有些广场和建筑，看来是举行大型宗教活动和进行祭祀的地方。而北面一个较小的山峰，在克丘亚语中叫做青年峰，它的背面有一座月亮神庙，和这里的城堡遥遥相对，从这也可以断定马丘比丘城堡确实是供奉太阳神的地方。

马丘比丘城堡是秘鲁古代文化的一件瑰宝，巧夺天工的宏伟建筑凝聚着印加人的勤劳和智慧，在世界建筑史上占有十分重要的地位。为此，联合国教科文组织宣布它为人类最重要的文物遗址之一。马丘比丘又是一座充满神秘色彩的城市，至今仍有许多不解之谜。自从宾加曼发现古城遗址以来，世界各国学者纷至沓来，对古城继续进行研究和发掘文物。

点评

马丘比丘城堡的全部建筑都具有印加的传统风格：磨光的规则形状的墙，以及美妙的接缝技巧，墙上石块和石块之间的缝隙连匕首都无法放进去，让人简直无法理解印加人究竟是如何把它们拼接在一起的。

奇琴伊察古城：一个遗失的文明

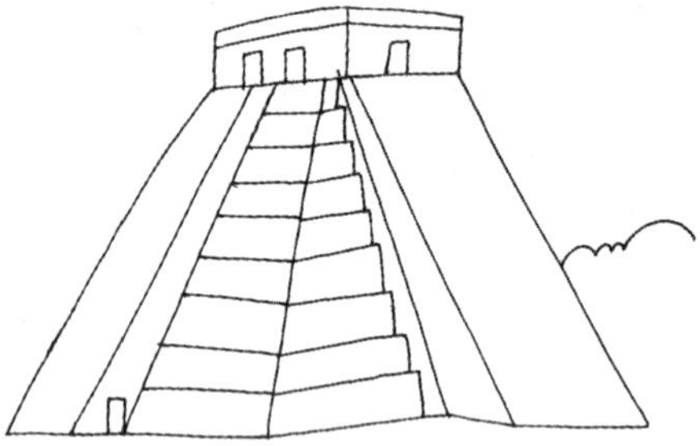

奇琴伊察古城，曾是古玛雅帝国最大、最繁华的城邦，是美洲最发达的、世界著名的古代文明之一。

奇琴伊察古城，位于墨西哥尤卡坦州南部，南北长 3 千米，东西宽 2 千米，有建筑物数百座，是古玛雅文化和托尔特克文化的遗址。“奇琴”意为“井口”，天然井为建城的基础。现有公路把它分为两半。南侧老奇琴伊察城建于公元 7 世纪至 10 世纪，具玛雅文化特色，有金字塔神庙、柱厅殿堂、球场、市场和天文观象台，以石雕刻装饰为主；北侧新奇琴伊察城为灰色建筑物，具托尔特克文化特色，有库库尔坎金字塔、勇士庙等，以朴素的线条装饰和羽蛇神灰泥雕刻为主。

奇琴伊察古城遗址充分反映了玛雅人高度发展的文化艺术和宗教意识。遗址中最大的建筑物是城堡金字塔及塔顶上的“羽蛇神庙”。金字塔高 30 米，底周长 59 米，底座呈四方形，有 9 层平台，塔身逐层缩小呈梯形。塔的四面各有 91 级宽阔的石台阶直通塔顶，加上通到神庙的一级，总共有 365 级，正好与一年的天数相等，含有时间的含义。石阶两边，配有雕刻成巨蛇形的石砌栏杆。台阶最下端的栏杆是一对高 1. 43 米、长 1. 87 米、宽 1. 07 米的大蛇头，从蛇口内还伸出一条 1. 6 米长，0. 35 米宽的巨舌。远远看去犹如两条巨蛇正从塔顶“羽蛇神庙”处向下游动。整座金字塔为石砌结构，塔的表面上布满了非常精致的雕刻和装饰。塔顶上的羽蛇神庙高 6 米，内部使用了羽蛇形状的石柱装饰，布满了飞檐、精美的壁画。庙门上两个圆形浮雕上刻满了象形文字和装饰图案。玛雅人认为带羽毛的蛇神是天神和雨神的化身，象征风调雨顺。

奇琴伊察古城遗址建于公元 435 年。古城是以天象确立方位，布局严密、结构合理，主要建筑多围绕方形天然水井或位于通向水源道路的两侧。遗址中最主要的建筑物有城堡金字塔、虎庙、厅殿、球场、石柱、圣井、尼庵等，还有一些圆形建筑，所有建筑都以雄伟壮观的风格以及建筑内外精美的雕刻装饰而引人注目。城内有玛雅文化中期和后期建筑物数百座，1988 年作为文化遗产列入《世界遗产名录》。玛雅人在数学、天文、历法、医学、建筑、绘画、雕刻等方面都有高超的建树，还培育出了玉米、甘薯、辣椒等许多农作物，为人类的发展作出了巨大贡献。

玛雅文明体现了当时最高的文明水平，令人惊奇的是在欧洲还处在黑暗时期的时候，这里的居民已经可以描绘出太空的样子，演变出美洲本土的文字书写系统，而且已经掌握了数学。他们还发明了我们现在所运用的历法，在没有铁器、搬运的牲畜甚至没有车轮的情况下，他们有能力修建这么巨大而且建筑完美的城市，这不能不说是一个奇迹！

点评

奇琴伊察古城是古希腊罗马时期玛雅人的圣殿，其鼎盛时期大约在公元500 年到700 年左右，对整个乌松布拉河盆地有着重大的影响。典雅的建筑、高超的技术以及轻巧的浮雕都证明了玛雅人的神话，证明他们是这一文明的天才创造者。

古罗马斗兽场：沧桑悲壮的建筑史诗

古罗马斗兽场，也译作罗马大角斗场、罗马竞技场、罗马圆形竞技场、科洛西姆、哥罗塞姆，原名弗莱文圆形剧场，建于公元 72—82 年间，是古罗马文明的象征。

古罗马斗兽场，位于意大利首都罗马市中心，它在威尼斯广场的南面，古罗马市场附近。从外观上看，它呈正圆形；俯瞰时，它是椭圆形的。古罗马斗兽场的占地面积约 2 万平方米，大直径为 188 米，小直径为 156 米，圆周长 527 米，围墙高 57 米，这座庞大的建筑可以容纳近 9 万人。围墙共分四层，前三层均有柱式装饰，依次为多立克柱式、爱奥尼柱式、科林斯柱式，也就是在古代雅典看到的三种柱式。古罗马斗兽场以宏伟、独特的造型闻名于世，是古罗马建筑的代表作之一。

古罗马斗兽场呈椭圆形，中央为表演区，长轴 86 米，短轴 54 米，地面铺上地板，外面围着层层看台。看台约有 60 排，分为五个区，最下面的前排是贵宾（如元老、长官、祭司等）区；第二层供贵族使用；第三区是给富人使用的；第四区由普通公民使用；最后一区则是给底层妇女使用，全部是站席。在观众席上还有用悬索吊挂的天篷，这是用来遮阳的；而且天篷向中间倾斜，便于通风。这些天篷由站在最上层柱廊的水手们像控制风帆那样操控。

古罗马斗兽场内部的看台是用三层混凝土制的筒形拱上的，每层 80 个拱，形成三圈不同高度的环形券廊，最上层则是 50 米高的实墙。看台逐层向后退，形成阶梯式坡度。每层的 80 个拱形成了 80 个开口，最上面两层则有 80 个窗洞，观众们入场时就按照自己座位的编号，首先找到自己应从哪个底层拱门入场，然后再沿着楼梯找到自己所在的区域，最后找到自己的位子。整个斗兽场最多可容纳5万人，由于入场设计周到而不会出现拥堵混乱，这种入场的设计即使是今天的大型体育场依然在沿用。古罗马斗兽场表演区地底下隐藏着很多洞口和管道，这里可以储存道具和牲畜，以及安置角斗士，表演开始时再将他们吊起到地面上。古罗马斗兽场甚至可以利用输水道引水。公元248年在斗兽场就曾这样将水引入表演区，形成一个湖，表演海战的场面。

古罗马斗兽场由弗拉维安王朝的三个皇帝建造，它正式的名字是弗拉维安竞技场。它的建造是这个新王朝的家族为提高自身在公众中的地位而发起的一系列运动的一部分。韦斯帕西恩是这个王朝的缔造者，他的出身并不高贵；在尼禄自杀后的一年中，罗马又经历了三个短命皇帝的失败统治，韦斯帕西恩随后坐上了皇位。那时尼禄并未被遗忘，他所吞噬的广袤的土地和其他的奢侈物已经激起民愤。因此，当韦斯帕西恩决定填平那属于尼禄的豪华金色宫殿的人工湖，将其变成公共娱乐场所的时候，几乎没有任何人提出异议。

公元80年斗兽场工程竣工之时，举行了为期100天的庆祝典礼。古罗马统治者组织、驱使5000头猛兽与3000名奴隶、战俘、罪犯上场“表演”、殴斗，这种人与兽、人与人的血腥大厮杀居然持续了100天，直到这5000头猛兽和3000条人命自相残杀、同归于尽。无怪乎有人说，只要你在角斗台上随便抓一把泥土，放在手中一捏，就可以看到印在掌上的斑斑血迹。

古罗马斗兽场在建筑史上堪称典范，以庞大、雄伟、壮观著称于世。现在虽只剩下大半个骨架，但其雄伟之气魄、磅礴之气势犹存。

点评

古罗马斗兽场是古罗马帝国当时为取悦凯旋的将领士兵和赞美伟大的古罗马帝国而建造的。古罗马斗兽场的建筑设计并不落后于现代的美学观点，而事实上，大约2000年后的今天，每一个现代化的大型体育场都或多或少的烙上了一些古罗马斗兽场的设计风格。

泰姬陵：完美建筑

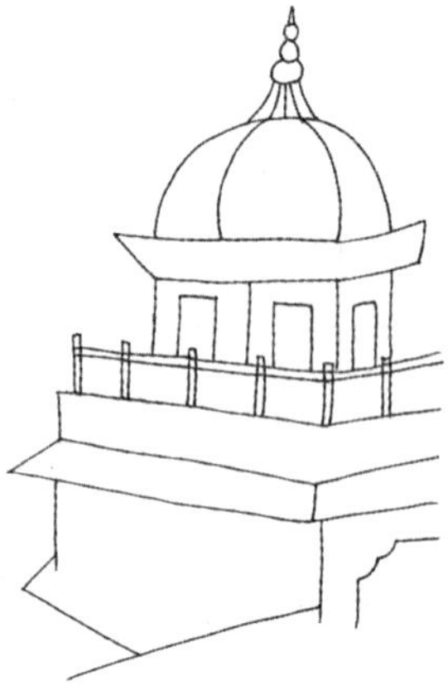

泰姬陵，全称为“泰吉·玛哈尔陵”，又译泰姬玛哈，是一座全部用白色大理石建成的宫殿式陵园，是印度知名度最高的古迹之一。泰姬陵是莫卧儿王朝第五代皇帝沙贾汗为了纪念他已故皇后阿姬曼·芭奴而建立的陵墓，现在被人们被誉为“完美建筑”。

泰姬陵，位于今印度新德里北200多千米外的阿格拉城内，亚穆纳河右侧。泰姬陵由殿堂、钟楼、尖塔、水池等构成，全部用纯白色大理石建筑而成，用玻璃、玛瑙镶嵌，绚丽夺目、美丽无比，有极高的艺术价值，是伊斯兰教建筑中的代表作。2007年7月7日，泰姬陵被评为世界新七大奇迹之一。

17世纪初，泰姬陵在印度北部亚穆纳河转弯处的大花园内开始动工兴建，当时极负盛名的建筑师拉何利，以德里的胡马雍陵为蓝图，动员2万名来自世界各地的工匠、书法家，融合中亚、波斯和印度本土风格，花了22年时间，完成了这座伟大的纯白色大理石艺术建筑。

泰姬陵整个陵园是一个长方形，建筑高62米，长576米，宽293米，总面积为17万平方米。四周被一道红砂石墙围绕。正中央是陵寝，在陵寝东西两侧各建有清真寺和答辩厅这两座式样相同的建筑，两座建筑对称均衡，左右呼应。陵的四方各有一座尖塔，高达40米，内有50层阶梯，是专供穆斯林阿訇拾级登高而上的。大门与陵墓由一条宽阔笔直的用红石铺成的甬道相连接，左右两边对称，布局工整。在甬道两边是人行道，人行道中间修建了一个“十”字形喷泉水池。泰姬陵的前面是一条清澄水道，水道两旁种植有果树和柏树，分别象征生命和死亡。

陵园分为两个庭院：前院古树参天，奇花异草，芳香扑鼻，开阔而幽雅；后面的庭院占地面积最大，由一个“十”字形的宽阔水道，交汇于方形的喷水池。喷水池中一排排的喷嘴，喷出的水柱交叉错落，如游龙戏珠。后院的主体建筑，就是著名的泰姬的陵墓。陵墓的基座为一座高7米、长宽各95米的正方形大理石，陵墓边长近60米，整个陵墓全用洁白的大理石筑成，顶端是巨大的圆球，四角矗立着高达40米的圆塔，庄严肃穆。象征智慧之门的拱形大门上，刻着《古兰经》。中央墓室放着泰姬和沙贾汗的两具石棺，宝石闪烁。

寝宫居于陵墓正中，四角各有一座塔身稍外倾的圆塔，以防止塔倾倒后压坏陵体。寝宫的上部为一高耸饱满的穹顶，下部为八角形陵壁，上下总高74米，用黑色大理石镶嵌的半部《古兰经》的经文置于4扇拱门的门框上。寝宫内有一扇由中国巧匠雕刻得极为精美的门扉窗棂。寝宫共分宫室5间，宫墙上有构思奇巧的用珠宝镶成的繁花佳卉，使宫室更显光彩照人。中央八角形大厅是陵墓的中心，在墙上镶嵌着浅浮雕和精美的宝石。中心线上安放着泰姬的墓碑，国王沙贾汗的墓碑则位于其旁边。

泰姬陵在早中晚所呈现出的面貌各不相同，早上是灿烂的金色，白天在阳光下是耀眼的白色，夕阳斜照下，白色的泰姬陵从灰黄、金黄，逐渐变成粉红、暗红、淡青色，而在月光下又成了银白色，白色大理石映着淡淡的蓝色荧光，更给人一种恍若仙境的感觉。有人说，不看泰姬陵，就不算到过印度；不在月光下来到泰姬陵，就不算到过泰姬陵。陵园无论构思还是布局都是一个完美无缺的整体，它充分体现了伊斯兰建筑艺术的庄严肃穆、气势宏伟的独特魅力。

泰姬陵是世界上完美艺术的典范，基本上是由大理石建成的。它不仅表达了沙贾汗对爱妻的深切纪念，也是给人类的一份厚礼。

泰姬陵是世界奇迹之一，展现了世界高超的建筑设计水平，体现了最佳的建筑艺术和风格。沙贾汗在泰姬陵建成不久便被儿子废除了王位，被囚禁在阿格拉城堡，晚年靠每天远望泰姬陵度日，直至伤心忧郁而死。他死后，与宠妃一起被葬在了泰姬陵。泰姬陵是一座伟大的爱情纪念碑，它是一代君王爱情的见证，向世人讲述着他们的爱情故事。

点评

泰姬陵在早中晚所呈现出的面貌各不相同。早上是灿烂的金色，白天在阳光下是耀眼的白色，夕阳斜照下，白色的泰姬陵从灰黄、金黄，逐渐变成粉红、暗红、淡青色，而在月光下又成了银白色，白色大理石映着淡淡的蓝色荧光，更给人一种恍若仙境的感觉。有人说，不看泰姬陵，就不算到过印度；不在月光下来到泰姬陵，就不算到过泰姬陵。

埃及吉萨金字塔：永不失落的文明

埃及吉萨的10座金字塔是古代七大奇迹之一，它们耸立在尼罗河两岸的沙漠之上，建造在离当时的首都孟菲斯不远的吉萨，是古埃及时期最高的建筑成就。

埃及吉萨金字塔中3座最大、保存最完好的金字塔是由第四王朝的3位皇帝胡夫、海夫拉和门卡乌拉在公元前2600—前2500年建造的。胡夫金字塔高146．6米，底边长230．35米；海夫拉金字塔高143．5米，底边长215．25米；门卡乌拉金字塔高66．4米，底边长108．04米。在这3座大金字塔中最大的是胡夫金字塔，它是一座几乎实心的巨石体，用200多万块巨石砌成。成群结队的人将这些大石块沿着地面斜坡往上拖运，然后在金字塔周围以一种脚手架的方式层层堆砌。金字塔的旁边还有一些皇族和贵族的小小的金字塔和长方形台式陵墓。

最初铺盖金字塔的外层磨光的灰白色石灰石块几乎全部消失了。如今见到的是下面淡黄色的石灰大石块，显露出其内部结构。金字塔中心有墓室，可以从甬道进去，墓室顶上分层架着几块几十吨重的大石块。建成的金字塔被用作陵墓。古埃及人相信死后永生，金字塔内的墓穴起初堆满了黄金和各种贵重物品。相传，古埃及第三王朝之前，无论王公大臣还是老百姓死后，都被葬入一种用泥砖建成的长方形的坟墓，古代埃及人叫它“马斯塔巴”。后来，有个聪明的年轻人伊姆荷太普，在给埃及法老左塞王设计坟墓时，发明了一种新的建筑方法，最终建成一个六级的梯形金字塔——这就是我们现在所看到的金字塔的雏形。在古代埃及文中，因金字塔是梯形分层的，所以被称作层级金字塔。这是一种高大的角锥体建筑物，底座四方形，每个侧面是三角形，样子就像汉字的“金”字，所以中国人把它称为“金字塔”。伊姆荷太普设计的塔式陵墓是埃及历史上的第一座石质陵墓。

古萨的3座金字塔的排列是按照猎户座的腰排列的，而以尼罗河作为银河。猎户座对埃及人有着重要意义，因为他们相信神住在猎户座上，也即天堂所在。金字塔都是正方位的，但互以对角线相接，造成建筑群参差的轮廓。在海夫拉金字塔祭祀厅堂的门厅旁边的狮身人面像，它的写实性和金字塔的抽象性对比，使整个建筑群富有变化，也更完整。

有人对最大的金字塔——胡夫金字塔——测量和研究后，提出了许多蕴涵在大金字塔中的数字之谜。譬如：延伸胡夫大金字塔底面正方形的纵平分线至无穷则为地球的子午线；穿过胡夫大金字塔的子午线，正好把地球上的陆地和海洋分成均匀的两半，而且塔的重心正好坐落在各大陆引力的中心；把大金字塔底面正方形的对角线延长，恰好能将尼罗河口三角洲包括在内，而延伸正方形的纵平分线，则正好把尼罗河口三角洲平分；大金字塔的底面周长230.36米，为362.31库比特（古埃及一种度量单位），这个数字与一年中的天数相近；大金字塔的原有高度146.7米（现已塌落至137.3米）乘以10亿，约等于地球到太阳之间的距离；大金字塔4个底边长之和，除以高度的两倍，即为3.14——圆周率；大金字塔高度的平方，约为21520米，而其侧面积为21481平方米，这两个数字几乎相等；从大金字塔的方位来看，4个侧面分别朝向正东、正南、正西、正北，误差不超过0.5度；在朝向正北的塔的正面入口通路的延长线，放一盆水代替镜子用，那么北极星便可以映到水盆上面来……这些数字关系是一种偶然巧合，还是建造者的有意设计？

金字塔闪耀着古埃及人民智慧和力量的光芒，是古代埃及文明的象征。直到今天，规模宏大、建筑神奇、气势雄伟的金字塔依然给人留下许多未解之谜。

点评

在古埃及，金字塔不仅是王室的陵墓，更代表着国王的尊严和权威。建造一座金字塔是牵动朝野的国家工程，每一个臣民都必须为之贡献人力、食品和其他物质，它的功能是将死后的国王变为神。

罗德港巨人雕像：胜利者守护神

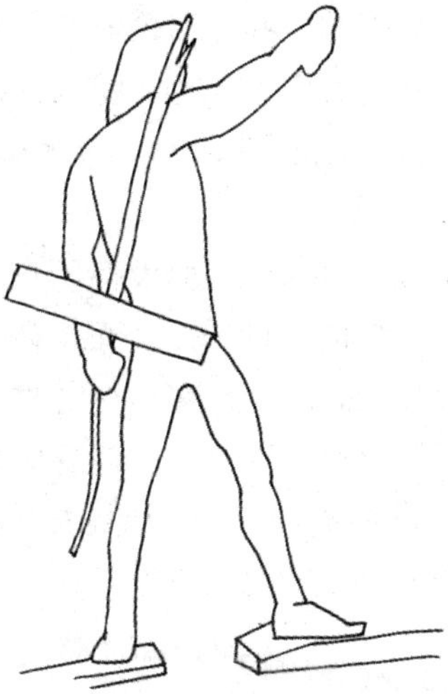

罗德港巨人雕像，是七大奇迹中最神秘的一个，因为它只存在了短短56年便倒下了，考古学家甚至连它的确实位置及外观都未能确定。

罗德港巨人雕像，位于爱琴海东南部的希腊罗德岛上。公元前的罗德岛是重要的商务中心，它位于爱琴海和地中海的交界处，罗德港于公元前4世纪建成。

历史上的罗德岛曾经被许多势力范围统治过，其中包括摩索拉斯和亚历山大大帝。但在亚历山大大帝归天之后，全岛又陷入了长时间的战争。马其顿侵略者德米特里带领4万军队包围了港口。经过艰苦的战争，罗德岛人击败了侵略者。罗德岛人为纪念这次胜利，把马其顿军队丢弃的铜制枪械收集起来，统统予以熔化，由雕刻大师哈列塔斯负责铸造一座太阳神——阿波罗神像。因为传说中阿波罗是罗德岛的保护神，当地居民以此来感谢阿波罗对他们的保佑。哈列塔斯用了整整12年时间才把巨像塑成。神像高约33米，重12.5吨，手指比人高，大脚内部可作居住的窑洞。雕像是中空的，里面用石头和铁的支柱加固，外包青铜壳。传说太阳神雕像头戴太阳光芒的冠冕，左手执神鞭，右手高擎火炬，两脚站在港口的石座上，船只可以从其胯下进出。

在古希腊，建造10米左右高的雕像并不罕见，但建造如此巨大的神像却是空前绝后的。怪不得巨像建成之初，便被同时代的罗马哲学家安蒂培特誉为“世界七大奇迹之一”。如此巨大的雕像是如何铸成的？在缺乏起重设备的远古时代又是如何把它竖立起来的？这些都是令人难以想象的事，也是太阳神巨像让人迷惑惊奇的原因之一。

罗德港巨人雕像体积太大，无法像建造一般雕像那样，先制出模型，然后分成几部分铸造，最后再进行整合和竖立。据文献记载，巨人像是分步建造起来的：首先，在建好白色的大理石基座后，把已铸好的脚到踝关节这一部分安装固定好。由于神像体积高大，所以神像的脚设计得比较大，使它能承受上部神像的压力。完成这一步后，雕像家指挥工匠在已完成部分的周围堆起巨大的土堆，然后站在上面接着做下一部分工作，这样一步一步向上发展。在每一步进行之前，雕塑家都先用一种铁制的框架和一些方形的石块从内部加固雕像，以保证雕像的稳定。就这样，在耗费大量人力、物力、财力后，哈列塔斯创造了一个与真神相似的神像，“给了世界第二个太阳”。但这个伟大的雕像建成仅仅 50 多年后就被强烈的地震毁坏了。

长久以来，一般人都相信罗德港巨人雕像是分开双腿，站立于罗得斯岛港口的入口处。然而，研究显示以港口的阔度和巨像的高度，这是不可能的，而且地震后巨像的遗迹亦会阻碍港口，所以真实的巨像应该位于港口的东面更靠内陆的地方。

公元 654 年，罗德岛被阿拉伯人入侵，入侵者把遗迹运往叙利亚，这使对这个奇观的考察更加困难。

点评

长久以来，有关罗德港巨人雕像的模样众说纷纭，一般人都相信它是两脚分开、手持火把，站立于罗德岛港口的入口处，船只从胯下经过。然而，研究显示以港口的阔度和巨像的高度来计算，这种结构是不合常理的，不论以金属或石块来建造，跨立的巨像绝对无法承受巨大的张力和冬季的强风。至于姿势到底是站立？坐下？或是驾着马车？至今仍无人知晓。

阿布辛拜勒神庙：太阳升起的神庙

阿布辛拜勒神庙，是古埃及规模最大的岩窟庙建筑。神庙继承和体现了古埃及数千年宗教建筑艺术的特点，在古埃及法老时期，这里就建造了城市、宫殿和寺庙，这里是埃及古文明的见证。

阿布辛拜勒神庙，是一处位于埃及阿斯旺西南 290 千米的远古文化遗址，坐落于纳赛尔湖西岸，由两个用岩石雕刻而成的巨型神庙组成。阿布辛拜勒和它下游至菲莱岛的许多遗迹一起作为努比亚人遗址，被联合国教科文组织指定为世界遗产。

阿布辛拜勒神庙建于公元前 1290 年—前 1224 年埃及法老拉美西斯二世在位的时期。整个建筑凿在山中，入口处有四座高达 21 米的拉美西斯二世巨像，其中一个已经坍塌。旁边较小的是拉美西斯的妻子尼菲拉丽的神庙，外有 6 尊挺立的雕像，其中 4 尊是拉美西斯，2 尊是尼菲拉丽，每尊都高达 10 米。神庙内还有许多雕成人形的作支撑用的石柱，墙壁和天顶上饰有色彩鲜明的浮雕图案。

阿布辛拜勒神庙不仅是埃及神庙中最美丽的一座神庙，而且也是 20 世纪 60 年代的“埃及古迹大搬迁”行动的“纪念碑”。现在的这两座神庙在 1965—1969 年被搬迁而来。当时埃及为解决尼罗河问题决定兴建阿斯旺大坝。大坝建成后，神庙将被淹没，为拯救文物，联合国教科文组织和埃及政府共同努力，采用现代科学技术，将神庙编号切成 1000 多块，整体上移了 60 米。神庙原来每年在拉美西斯二世生日这天，阳光能照到神庙深处这位不朽帝王的坐像上，迁移后这个日子推迟了一天。

为纪念这一拆迁工程，在新址地下埋放了一本《古兰经》、两张埃及报纸和一些埃及硬币以及搬迁过程的文件。切割拆卸大庙时，要求石块尽量地大，接缝尽可能地小。每块重量一般为 20～30 吨。大庙被切成 807 块，小庙被切成 235 块。这些石块用起重机谨慎地吊起，运至贮石场按编号存放。然后再运至新址按原样重新装配。神庙的装配工作，正面的接缝全部用与石头同样颜色的灰浆补严，几乎未留下任何切割过的痕迹，但庙内装饰面却故意接缝明显，让游客与后人联想起神庙的搬迁。

迁移后的神庙成功地保持了其建造时的方位，即每年的春分和秋分时节，太阳光线可以穿过开凿在岩石里面深达 63 米的祭台间，照在太阳神雕像上，大神庙是供奉太阳神的。献给女神艾西丝和哈索尔的菲莱神庙是唯一一座融埃及法老时代的建筑风格和希腊—罗马建筑艺术于一体的综合性建筑，现已被转移到靠近阿吉基亚的小岛上。其他大的寺庙分别重建在四个精心挑选的地点：罗马时代的卡拉布舍寺、卡塔西亭和饰有反映非洲黑人生活浮雕的贝瓦里寺现已耸立在高坝附近；达克卡寺、马拉拉加寺和瓦蒂塞布阿寺被集中在瓦蒂塞布阿；建于公元前 15 世纪图特摩斯三世和阿美诺菲斯二世执政时期的努比亚地区最古老的寺庙马达寺庙群和彭努特小陵墓现移至阿马达；阿布·奥达祭台和普萨墓龛被送到阿布辛拜勒神庙的尼罗河对岸。

1979 年，联合国教科文组织将阿布辛拜勒至菲莱的努比亚遗址作为文化遗产，列入《世界遗产名录》。早在古埃及法老时期，法老们就在努比亚建造了城市、宫殿和寺庙，还修筑了通往沙漠矿区的道路。这里与埃及古文明紧密相联，它的古代建筑，体现了数千年宗教建筑艺术的特点。

点评

阿布辛拜勒神庙在设计和建筑时，把当时最先进的地理、天文、数学等知识巧妙地吸收和运用了进来，创造了独特的“日出奇观”。整个寺院都是在尼罗河西岸的悬崖峭壁上凿出的。

摩索拉斯陵墓：帝国的传说

摩索拉斯陵墓，是小亚细亚加里亚国王摩索拉斯之墓。整座建筑高达 45 米，由两名希腊设计师设计，外面装饰以奇异的雕刻花纹。

摩索拉斯陵墓，坐落于小亚细亚西南部哈利卡纳素斯（今土耳其）市中心的大广场。关于摩索拉斯王，人们对他的了解，仅止于他精力充沛，喜好战争，曾经征服罗德斯岛，在短时间内就成为邦国的领主。

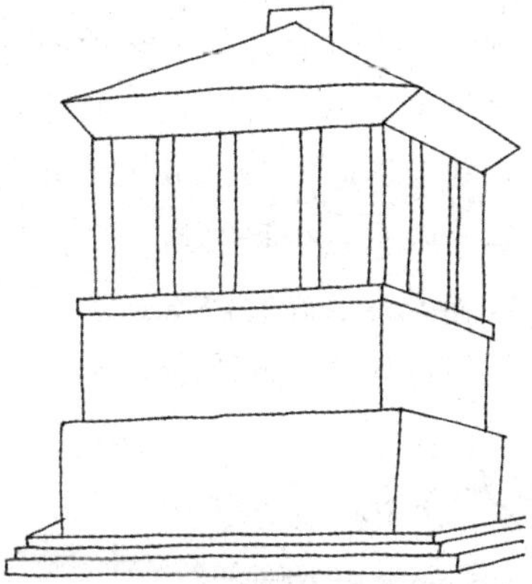

摩索拉斯陵墓，是一座神庙风格的建筑物，它耸立在高大而又近乎方形的台基上。陵墓共分四层，基坛为六阶，以希腊运来的白色大理石建造，底部为长方形，长 40 米，宽 30 米，高 45 米，其中建筑物被高 20 米的墩座墙围住，四周放着骑在马背上的战士雕像；墩座上方，排列着 36 根高 12 米以爱奥尼式建造的金白色大理石圆柱；在圆柱与圆柱间，以男神和女神的立像装饰，圆柱的上方，放着台轮；上方是极其倾斜高 7 米的金字塔，塔顶以镀金的青铜驷马二轮战车装饰；而墓内矗立着毛索罗斯王和阿尔特米亚女王的大理石雕像。据说所有雕塑由四名著名的雕刻家伯亚克西斯、李奥查理斯、史卡帕斯和提莫西亚斯分别负责陵墓的一边。一位古代西班牙诗人在形容这座陵墓时说，它“好像悬在空中”一样。

摩索拉斯陵墓集中表现了统治者追求威严与豪华的思想。许多优秀的希腊建筑师与雕刻家都被聘请参与这项工程的建设。除了要完美地传达出国王本人的意愿外，他们还力求使之成为一座融汇希腊和东方特色的创造性的宏伟建筑。在古希腊建筑师庇者阿斯等人的设计监造下，这座陵墓确实成为他们所希望的那种样子。

可惜的是，这座美丽的建筑已被地球上岁月的变迁摧毁了。根据传说，摩索拉斯陵墓毁于公元 1400 年前的一次大地震。19 世纪中叶以来，学者们先后对陵墓遗址进行了发掘，发现了墓内的甬道、地下的墓室和国王的石棺。其中，1857年英国人牛敦所进行的发掘要算是最重要的一次了，他从那里搜集到的主要雕刻遗物现藏于伦敦的不列颠博物馆。借助古典文献与发掘材料，学者们绘制了不少这座建筑物的复原图。从这些可靠资料，我们能够大体想象出陵墓的风貌。

摩索拉斯陵墓具有爱奥尼亚式建筑的特点，柔和俊秀、活泼精致。同时它成功地吸取了古代东方的各种艺术传统，与希腊建筑风格融为一体，又呈现出繁华宏大的特征，被誉为陵墓建筑的典范。而且它的美名远扬竟至有了造词之功：拉丁文中“陵墓”一词即源于它。

这座被毁掉的绮丽豪华的陵墓，曾派上过其他实际用场：十字军入侵到哈利卡纳苏城时，骑兵团曾经用它的石料来修建城墙。这使得摩索拉斯墓的残迹更少得可怜。不过，它依然能引起世界各地的旅行家、历史学家和考古学家的浓厚兴趣，人们从残存的废墟遗址中，可以依稀辨认、领略古代文明的光彩。

点评

摩索拉斯陵墓集中表现了统治者追求威严与豪华的思想。许多优秀的希腊建筑师与雕刻家都被聘请参与这项工程的建设。除了要完美地传达出国王本人的意愿外，他们还力求使之成为一座融汇希腊和东方特色的创造性的宏伟建筑。摩索拉斯陵墓具有爱奥尼亚式建筑的特点，柔和俊秀、活泼精致。同时它成功地吸取了古代东方的各种艺术传统，与希腊建筑风格融为一体，又呈现出繁华宏大的特征，被誉为陵墓建筑的典范。

巴比伦空中花园：爱在西元前

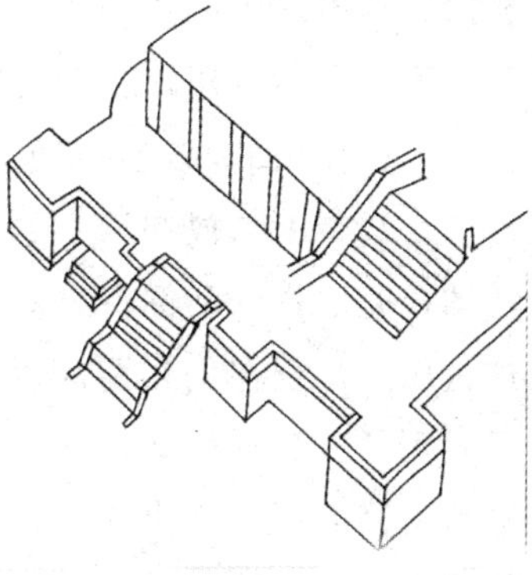

空中花园，是古代的世界七大奇迹之一，又称悬苑，是公元前 6 世纪由新巴比伦王国的尼布甲尼撒二世在巴比伦城为其患思乡病的王妃安美依迪丝修建的。

千百年来，关于“空中花园”有一个美丽动人的传说。新巴比伦国王尼布甲尼撒二世娶了米底的公主安美依迪丝为王后。公主美丽可人，深得国王的宠爱。可是时间一长，公主愁容渐生。尼布甲尼撒不知何故。公主说：“我的家乡山峦叠翠，花草丛生。而这里是一望无际的巴比伦平原，连个小山丘都找不到，我多么渴望能再见到我们家乡的山岭和盘山小道啊!”原来公主得了思乡病。于是，尼布甲尼撒二世令工匠按照米底山区的景色，在他的宫殿里，建造了层层叠叠的阶梯形花园。上面栽满了奇花异草，并在园中开辟了幽静的山间小道，小道旁是潺潺流水。工匠们还在花园中央修建了一座城楼，矗立在空中。巧夺天工的园林景色终于博得公主的欢心。由于花园比宫墙还要高，给人感觉像是整个御花园悬挂在空中，因此被称为“空中花园”，又叫“悬苑”。当年到巴比伦城朝拜、经商或旅游的人们老远就可以看到空中城楼上的金色屋顶在阳光下熠熠生辉。所以，到公元 2 世纪，希腊学者在品评世界各地著名建筑和雕塑品时，把“空中花园”列为“世界七大奇观”之一。从此以后，“空中花园”更是闻名遐迩。

令人遗憾的是，“空中花园”和巴比伦文明其他的著名建筑一样，早已湮没在滚滚黄沙之中。我们要了解“空中花园”，只能通过后世的历史记载和近代的考古发掘。

19 世纪末，德国考古学家发掘出巴比伦城的遗址。他们在发掘南宫苑时，在东北角挖掘出一个不寻常的、半地下的、近似长方形的建筑物，面积约 1260 平方米。这个建筑物由两排小屋组成，每个小屋平均只有 6.6 平方米。两排小屋由一走廊分开，对称布局，周围被高而宽厚的围墙所环绕。西边那排的一间小屋中发现了一口开了三个水槽的水井，一个是正方形的，两个是椭圆形的。根据考古学家的分析，这些小屋可能是原来的水房，那些水槽则是用来安装压水机的。因此，考古学家认为这个地方很可能就是传说中的“空中花园”的遗址。当年巴比伦人用土铺垫在这些小屋坚固的拱顶上，层层加高，栽种花木。至于灌溉用水则是依靠地下小屋中的压水机源源不断供应的。考古学家经过考证证明，那时的压水机使用的原理和我们现在使用的链泵基本一致。它把几个水桶系在一个链带上与放在墙上的一个轮子相连，轮子转动一周，水桶就跟着转动，完成提水和倒水的整个过程，水再通过水槽流到花园中进行灌溉。这种压水机现在仍在两河流域广泛使用。而且，考古学家也的确在遗址里发现了大量种植花木的痕迹。然而，到目前为止，在所发现的巴比伦楔形文字的泥版文书中，还没有找到确切的文献记载。因此，考古学家的解释是否正确仍需进一步研究。

巴比伦空中花园最令人称奇的地方是那个供水系统，因为巴比伦雨水不多，而空中花园的遗址相信也远离幼发拉底河，所以研究人员认为空中花园应有不少的输水设备。奴隶不停地推动连紧着齿轮的把手，把地下水运到最高一层的储水池，再经人工河流返回地面。另一个难题，是在保养方面，因为一般的建筑物，要长年抵受河水的侵蚀而不塌陷是不可能的，由于美索不达米亚平原没有太多的石块，因此，研究人员相信空中花园所用的砖块是与众不同的，它们被加入了芦苇、沥青及瓦，更有文献指出石块被加入了一层铅，以防止河水渗入地基。

点评

空中花园是上古时代巴比伦人的卓越成就，带给人民无比的骄傲，来到巴比伦的人们经常记录下这座伟大的奇观。空中花园应该是在公元前6世纪时由尼布甲尼撒二世国王所建，代表了工程学上的惊人表现，层层叠叠的花园中栽种了各式各样的树、灌木以及藤蔓。据说空中花园本来看起来像是由泥砖塑成的绿色高山，由城市中央升起。

亚历山大灯塔：亚历山大城的忠诚卫士

亚历山大灯塔的遗址坐落于埃及亚历山大城边的法洛斯岛上。公元前 330 年，不可一世的马其顿国王亚历山大大帝攻占了埃及，并在尼罗河三角洲西北端即地中海南岸，建立了一座以他的名字命名的城市。这是一座战略地位十分重要的城市，在以后的 100 年间，它成了埃及的首都，是世界上最繁华的城市之一，而且也是整个地中海世界和中东地区最大最重要的一个国际转运港。

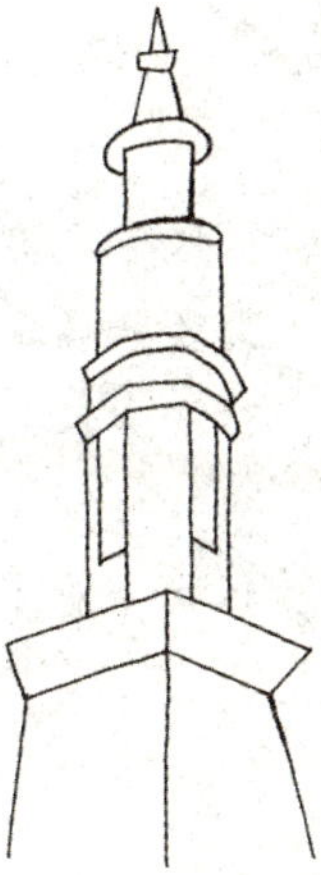

公元前 280 年秋天的一个夜晚，月黑风高，一艘埃及的皇家喜船，在驶入亚历山大港时，触礁沉没了，船上的皇亲国戚及从欧洲娶来的新娘，全部葬身鱼腹。这一悲剧，震惊了埃及朝野上下。埃及国王托勒密二世下令在最大港口的入口处，修建导航灯塔。经过 40 年的努力，一座雄伟壮观的灯塔竖立在法洛斯岛的东端。它立于距岛岸 7 米处的石礁上，人们将它称为“亚历山大法洛斯灯塔”。

亚历山大灯塔高 120 米，加上塔基，整个高度约 135 米。塔楼由三层组成：第一层是方形结构，高 60 米，里面有 300 多个大小不等的房间，用来作燃料库、机房和工作人员的寝室；第二层是八角形结构，高 15 米；第三层是圆形结构，上面用 8 米高的 8 根石柱围绕着圆顶灯楼。灯楼上面，矗立着 8 米高的太阳神赫利乌斯站立姿态的青铜雕像。整座灯塔都是用花岗石和铜等材料建筑而成，灯的燃料是橄榄油和木材。整个灯塔的面积约 930 平方米。聪明的设计师还采用反光的原理，用镜子把灯光反射到更远的海面上。这座无与伦比的灯塔，夜夜灯火通明，兢兢业业地为入港船只导航，它给舵手带来了一种安全感。

亚历山大灯塔建成后，成为当时世界上最高的建筑物。他的设计者是希腊的建筑师索斯查图斯。1500 年来，亚历山大灯塔一直在暗夜中为水手们指引进港的路线。一位阿拉伯旅行家在他的笔记中这样记载着：

“灯塔是建筑在三层台阶之上的，在它的顶端，白天用一面镜子反射日光，晚上用火光引导船只。”

公元 14 世纪，亚历山大城发生了一场罕见的大地震，摇晃的大地以巨大的力量摧毁了这座古代世界的建筑奇迹。这座亚历山大城的忠诚卫士，这顶亚历山大城的王冠就这样消失了。又过了一个世纪，埃及国王玛姆路克苏丹为了抵抗外来侵略，保卫埃及及其海岸线，下令在灯塔原址上修建了一座城堡，并以他本人的名字命名。埃及独立之后，城堡改为航海博物馆。1996 年 11 月，一组潜水员在地中海深处发现了据说是亚历山大灯塔的遗留物。

点评

战略地位十分重要的亚历山大城，曾作为埃及的首都，是世界上最繁华的都城之一，是地中海东部地区最大、最重要的一座国际转运港。频繁的贸易往来，各国商船云集大港，迫切需要有一座灯塔，来指引船只夜间进进出出。于是，标志古埃及人聪明才智的世界伟大的奇迹——亚历山大灯塔，便应运而生了。

雅典卫城：世界传统观念的象征

雅典卫城，是世界新七大奇迹之一，也称为雅典的阿克罗波利斯。希腊语为“阿克罗波利斯”，原意为“高处的城市”或“高丘上的城邦”，距今已有3000年的历史。

雅典卫城，遗址位于今雅典城西南，建造在海拔150米的石灰岩山冈上，是祭祀雅典守护神雅典娜的神圣地。建筑群建设的总负责人是雕刻家菲迪亚斯。卫城，原意是奴隶主统治者的圣地，古代在此建有神庙，同时又是城市防卫要塞。公元前5世纪，雅典奴隶主民主政治时期，雅典卫城遂成为国家的宗教活动中心，自希腊联合各城邦战胜波斯入侵后，更被视为国家的象征。每逢宗教节日或国家庆典，公民列队上山进行祭神活动。

作为古希腊建筑的代表作，雅典卫城达到了古希腊圣地建筑群、庙宇、柱式和雕刻的最高水平。这些古建筑无可非议的堪称人类遗产和建筑精品，在建筑学史上具有重要地位。迄今保存下来的大量的珍贵遗迹，集中展示了希腊的古代文明。1987年雅典卫城被列入《世界遗产目录》，世界遗产委员会评价为：“文明、神话、宗教在希腊兴盛了一千多年。阿克罗波利斯包含四个古希腊艺术最大的杰作——帕特农神庙、通廊、厄瑞克修姆庙和雅典娜胜利女神庙——被认为是世界传统观念的象征。”

古代希腊城市具有战时市民避难之处的功能，是由坚固的防护墙壁拱卫着的山冈城市。坚固的城墙筑在四周，自然的山体使人们只能从西侧登上卫城。高地东面、南面和北面都是悬崖绝壁，地形十分险峻。公元前1500年，这里是王宫所在地，从公元前800年开始，人们在这里兴建神庙等祭祀用的建筑物，使之成为雅典宗教活动的中心，并且逐渐在高地下形成城市。

雅典作为最民主的城邦国家，卫城发展了民间自然神圣地自由活泼的布局方式。建筑物的安排顺应地势。为了同时照顾山上山下的观赏，主要建筑物贴近西、北、南三个边沿。供奉雅典娜的大庙帕特农从前在山顶中央，重建时移到南边，人工垫高它的地坪。

波斯人曾在希波战争中破坏了雅典卫城。人们在公元前5世纪后期希波战争结束之后，修筑了一条“长墙”，长65千米，连接雅典与比雷埃夫斯港。此外，卫城内的神庙也进行了重建。公元前4世纪以后，雅典人在山下建起了一整套建筑物，体现了雅典人民的智慧和才干，如竞技场、会堂、扩建的狄奥尼索斯露天剧场、大柱廊等。17世纪阿克罗波利斯遭受破坏，变成一片废墟。1833年希腊建立王国后，逐渐进行修复。

雅典卫城是希腊最杰出的古建筑群，是综合性的公共建筑，为宗教政治的中心地。现存的主要建筑有卫城山门、雅典娜胜利女神庙、帕特农神庙、伊瑞克提翁神庙等，另有一座现代建筑卫城博物馆。

点评

雅典卫城是希腊最杰出的古建筑群，阿克罗波利斯建造的神庙，是综合性的公共建筑，为宗教政治的中心地。现存的主要建筑有卫城山门、帕特农神庙、伊瑞克提翁神庙、埃雷赫修神庙等。这些古建筑无可非议的堪称人类遗产和建筑精品，在建筑学史上具有重要地位。迄今保存下来的大量的珍贵遗迹，集中展示了希腊的古代文明。

宙斯神像：众神之神的光芒

宙斯，希腊众神之神，是奥林匹亚的主神，为表崇拜而兴建的宙斯神像是当世最大的室内雕像。宙斯神像所在的宙斯神殿则是奥林匹克运动会的发源地。

古希腊神话中，宙斯是最高的神，罗马神话中称其为朱庇特，为克洛诺斯与瑞亚所生的最小儿子。克洛诺斯通过推翻他的父亲乌拉诺斯获得了最高权力，他得知他会和自己的父亲一样被自己的孩子推翻，于是他把他的孩子们吞进肚子里了。他的妻子瑞亚因不忍心宙斯也被吞进肚子，于是拿了块石头假装宙斯给他吞下。宙斯长大后，联合兄弟姐妹一起对抗父亲，他们展开了激烈的斗争。经过十年战争，在祖母大地女神盖亚的帮助下战胜了父亲。宙斯和他的兄弟波塞冬和哈迪斯分管天界、海界、冥界。从此宙斯成为掌管宇宙的统治者。木星的拉丁名就起源于他。

宙斯神殿是古希腊的宗教中心。神殿位于希腊雅典卫城东南面，伊里索斯河畔一处广阔平地的正中央，为古希腊众神之神宙斯掌管的地区。目前，这地方尽是一片黄澄澄的丘陵，但是在古希腊时期，四周环绕翠谷和清冽的溪水，景境幽雅，不远处更有一座密林，绿意浓郁，林中小径两旁花木扶疏，争奇斗妍，美不胜收，更是当时的宗教中心。在古希腊时代，神殿位于雅典城墙外，到了哈德连帝时代为了扩大雅典城的规模，将城墙往外扩展，才把神殿纳入城内。

宙斯神殿本身是采用多利克式建筑。表面铺上灰泥的石灰岩，殿顶则用大理石兴建而成，神殿共由34条高约17米的科林斯式石柱支撑着。庙前庙后的石像都是用派洛斯岛的大理石雕成。庙内西边人字形檐饰上的很多雕像，是十足的雅典风格。至于神殿主角“宙斯”，采用了所谓“克里斯里凡亭”技术，是在木质支架外加象牙雕成的肌肉和金制的衣饰。宝座也是木底包金，嵌着乌木、宝石和玻璃，历时八年之久才完成。

宙斯神像主体为木制，身体裸露在外的部分贴上象牙，衣服则覆以黄金。头顶戴着橄榄枝编织的皇冠，右手握着象牙及黄金制成的胜利女神像，左手则拿着一把镶有各种金属打造的权杖，杖顶停留着一只鹫。至于宙斯的宝座，神像头上与头后，雕着“典雅三女神”和“季节三女神”（春、夏、冬）雕像；腿和脚饰有舞动中的胜利女神与人头狮身史芬克斯。神像身后挂着由耶路撒冷神庙劫掠得来的神圣布幔。菲迪亚斯更精密地规划四周变化，包括由神庙大门射向雕像的光线，为了令神像的脸容更为美丽光亮，更于神像前建造了一座极大而浅，里面镶了黑色大理石的橄榄油池，利用橄榄油将光线反射。神殿于公元5年被大火摧毁，虽然宙斯神像因被运到君士坦丁堡而幸免于难，可是神像最终也难逃厄运，于公元462年被大火烧毁。

虽然宙斯神像已消失于世上，但它却以另一方式至今犹存，伟大的宙斯脸孔变成了东正教的全能基督像。在伊斯坦堡科拉的圣方济各小教堂内，顶端宝座上坐着的就是化身为基督的奥林匹亚宙斯神。

点评

宙斯，希腊众神之神，是奥林匹亚的主神，为表崇拜而兴建的宙斯神像是当世最大的室内雕像，宙斯神像所在的宙斯神殿则是奥林匹克运动会的发源地。拜占庭的菲罗撰写记述世界七大奇迹说：“我们以其他六大奇迹为荣，而敬畏宙斯神像。”

帕特农神庙：希腊国宝

帕特农神庙，雅典卫城主体建筑，为了歌颂雅典战胜波斯侵略者的胜利而建。设计这座神庙的建筑师为伊克梯诺和卡里克利特。

帕特农神庙是供奉雅典娜女神的最大神殿，帕特农原意为贞女，是雅典娜的别名。此庙不仅规模最宏伟，坐落在卫城中央最高处，庙内还存放一尊黄金象牙镶嵌的全希腊最高大的雅典娜女神像。神庙从公元前447年开始兴建，9年后大庙封顶，又用了6年的时间，各项雕刻也告完成，1687年毁于战争，今仅存残迹。

帕特农神庙的设计代表了全希腊建筑艺术的最高水平。从外貌看，它气宇非凡，光彩照人，细部加工也精细无比。它在继承传统的基础上又做了许多创新，事无巨细皆精益求精，由此成为古代建筑最伟大的典范之作。神庙背西朝东，耸立于3层台阶上，玉阶巨柱，画栋镂檐，遍饰浮雕，蔚为壮观。整个庙宇由凿有凹槽的46根大理石柱环绕。潘太里科大理石色白，相对帕罗斯岛上的优质大理石来说略显粗糙，所以这里的帕罗斯大理石仅供雕塑使用，光滑和无瑕的质地使它显得尤为珍贵。柱间的用大理石砌成的92堵殿墙上，雕刻着栩栩如生的各种神像和珍禽异兽。神庙有两个主殿：祭殿和女神殿，从神庙前门可进祭殿，从后门可入女神殿。东边的人字墙上的一组浮雕，镌刻着智慧女神雅典娜从万神之王宙斯头里诞生的生动图案；在西边的人字墙上雕绘着雅典娜与海神波塞冬争当雅典守护神的场面。

帕特农神庙的内部，既遵循多利克式的惯例，安排得很简单，又主题突出，庄重宏伟。与一般神庙相同，殿堂均分为前后两间，前厅安置神像，后库存放祭品和财物。帕特农神庙的前厅安置着菲迪业斯制作的黄金象牙雕的雅典娜巨像，高达12米。为配合这尊巨像，前厅用两层多利克的柱列围绕巨像的左右和后方。上承屋顶，旁开空廊，更衬托出巨像的高大，而它们的檐部也大大简化，只有额枋而没有三陇板和间板。神像前方直到大门为一片空白，不置任何杂物，却在靠近巨像基座处挖出一个长方形水池，利用池中之水反射从大门而来的阳光，使金光闪烁的巨像更显富丽堂皇。和前厅隔开的后库则是真正的宝库，用来存放雅典海上同盟各邦交纳的贡金。廊前列雕花铁栅，库房用4根柱子支撑，不过柱子是爱奥尼亚式而非前厅所用的多利克式。这一方面适应了同盟各邦主要属于爱奥尼亚地区的情况，同时也反映了神庙设计思想的一大特点，即按伯里克利所宣扬的“雅典是全希腊的学校”的思想，把两种柱子融于一体。

帕特农神庙浮雕的精美和丰富毫不亚于其雕像。那条长达160米的浮雕带一气呵成，气韵生动，人物动作完美，历来被认为是希腊浮雕的杰作。它以表现雅典娜节大游行庆祝活动为主题，第一次把普通公民的形象堂而皇之地列于庙堂之上。这种每隔4年举行一次的大游行从雅典西边的狄甫隆城区开始，然后经过陶区，穿过市场，最后登上卫城。游行的核心内容就是把雅典少年精心编织的一件新袍献给雅典娜。艺术家把160米长的浮雕正好用来表现从游行开始到献袍的全过程。起点在庙西南角上，这儿表现公民群众准备跨鞍上马，然后在长长的南墙和北墙上表现公民游行队伍，其中以骑在马上的青年公民为主。在南北两墙东端转角处，游行队伍开始接近神庙入口，意味着人们已经到达了终点，神圣的卫城，浮雕的内容也由欢呼雀跃而转变为庄重肃静，迈着轻缓步伐的少年们逐渐走向卫城中心。浮雕的终点直接位于神庙的大门，此处特别安排了坐在椅子上观看游行的诸位天神，意味着众神都应邀前来与雅典人同庆佳节。

帕特农神庙是希腊全盛时期建筑与雕刻的主要代表，有“希腊国宝”之称，也是人类艺术宝库中一颗璀璨的明珠。5世纪中叶，神庙被改为基督教堂，雅典娜神像被移去。1458年，土耳其人占领雅典后将神庙改为清真寺。1687年威尼斯人与土耳其人作战时，炮火击中了神庙内的一个火药库，炸毁了神庙的中部。1801—1803年，英国贵族埃尔金勋爵将大部分残留的雕刻运走，损失最为严重。许多原属神庙的古物，现在散落在不列颠博物馆、卢浮宫、哥本哈根等地。19世纪下半叶，曾对神庙进行过部分修复，但已无法恢复原貌，现仅留有一座石柱林立的外壳。

点评

帕特农神庙的设计代表了全希腊建筑艺术的最高水平。从外貌看，它气宇非凡，光彩照人，细部加工也精细无比。它在继承传统的基础上又做了许多创新，事无巨细皆精益求精，由此成为古代建筑最伟大的典范之作。

婆罗浮屠塔：山顶的寺院

婆罗浮屠塔，是世界最大的古老佛塔。“婆罗浮屠”在古梵文中的意思是“山丘上的佛塔”，约建于公元 8 世纪后半期，相传是 10 万奴隶用 15 年时间建成的，目的是供奉释迦牟尼的舍利子。

婆罗浮屠塔，是位于印度尼西亚中爪哇省的一座大乘佛教佛塔遗迹，距离日惹市西北 40 千米，是 9 世纪当时世上最大型的佛教建筑物。

婆罗浮屠塔，大约兴建于公元 842 年间，由当时统治爪哇岛的夏连特拉王朝统治者建造。后来因为火山爆发，使这座佛塔群下沉并隐盖于茂密的热带丛林中近千年，直到 19 世纪初才被清理出来。

婆罗浮屠塔，构图精美，气势磅礴。它呈金字塔形，可拾级而上。塔共有 9 层，在外形上如阶梯状的锥体。上面 3 层为圆形；下面 6 层似方形：包括一个正方形的塔基和 5 层带边的墙的平台组成，并装饰着数以千计的反映佛陀生活的雕刻。圆形平台上面竖立着 72 座钟形佛塔或佛龛，每座佛塔内都罩着一个环绕着中央大塔而建立的佛像，各层平台向上依次收缩，在顶部有一座钟形主佛塔，直径 9．9 米，高 7 米。佛教徒必须按特定的路线登婆罗浮屠，从东面进入，按顺时针方向绕行。走向塔顶象征着一个人逐步达到完美的精神境界。

婆罗浮屠塔的每层下部有可供人行走的围廊，第1～5层回廊的左右壁面上还保存着《佛传》《本生事》《华严五十三参之图》等佛家精品。另外还有雕刻精美的浮雕共约2100多面。除第一层着重描述佛的历史，其余各层都是对佛生前事迹的记述。婆罗浮屠塔的浮雕中，最著名的是表现释迦牟尼传记的浮雕，前几面描绘的是释迦牟尼在天神的帮助下，做即将降临凡世的准备，及释迦牟尼的母亲梦见一个男子将要诞生，这个男子或者成为世界征服者，或者成为人类的伟大领袖。浮屠上还有1212面装饰性的浮雕，内容表现当时爪哇宫廷生活及人民生产、生活、风俗等。此外，还辅之以许多栩栩如生的大象、孔雀、狮子以及当时人民生活的图案。

婆罗浮屠塔是作为一整座大佛塔建造的，从上往下看它就像佛教金刚乘中的一座曼荼罗，同时代表着佛教的大千世界和心灵深处。塔基是一个正方形，边长大约118米。这座塔共9层，下面的6层是正方形，上面3层是圆形。顶层的中心是一座圆形佛塔，被72座钟形舍利塔团团包围。每座舍利塔装饰着许多孔，里面端坐着佛陀的雕像。一条狭长走廊的墙上装饰着浮雕。佛塔的建筑材料是取自附近河流的约5.5万立方米石料。这些石料被切成合适的大小，由人工运至建筑地点。石块之间用榫卯连接。建筑完工之后工匠们在石块上刻下浮雕。佛塔建有良好的排水系统，以适应当地的暴雨。为防积水，每个角上都有装饰着滴水嘴兽的排水孔，整座佛塔共有100个这样的排水孔。

婆罗浮屠塔和其他同类的建筑有很大的差异。它被建于一座山上，而不是平地。不过建筑工艺和爪哇的其他庙宇相似。由于它的实心结构和类似金字塔的造型，人们起初认为婆罗浮屠是一座舍利塔，而不是庙宇。舍利塔的目的是供奉佛陀，有时也仅仅是一种虔诚的标志。而庙宇则是在房屋中供奉佛陀，并且给信徒参观朝拜。然而从婆罗浮屠的精心设计和建造来看，它事实上是一座庙宇。婆罗浮屠的台阶和走廊引导信徒们拾级而上，直至顶层。婆罗浮屠的每一层都代表着修炼的一个境界。信徒们的朝拜路线装饰着象征佛教大千世界的各种图案。

婆罗浮屠塔的432座佛像，面均向外安放。佛像与成人身躯一样大，盘腿而坐。东、南、西、北不同的方向有不同的姿态和含义。面向东的佛像是左手置于膝上，右手指地的降魔印姿态，表示降魔得悟。面向南的佛像呈手臂下垂，手掌向外的施愿印姿态，意思是如愿。面向西的佛像呈两臂下垂，两手叠放的禅定印姿态，表示冥想。面向北的佛像呈左臂上举，右手掌向外的无畏印姿态，表示克服一切恐惧。

素有印度尼西亚金字塔之称的婆罗浮屠塔又称“千佛坛”，高大的佛塔和神坛是寺院中最为引人注目的建筑。这个大乘佛教艺术古建筑，同中国长城、埃及金字塔、柬埔寨吴哥窟齐名，对研究印尼历史、文化和艺术具有重要价值。

点评

婆罗浮屠是作为一整座大佛塔建造的，从上往下看它就像佛教金刚乘中的一座曼荼罗，同时代表着佛教的大千世界和心灵深处。婆罗浮屠并非纯粹的佛教建筑，它同样带有印度教的色彩。

吴哥窟：柬埔寨国家的标志

吴哥窟，又称吴哥寺，意思为“毗湿奴的神殿”，中国古籍称为“桑香佛舍”。吴哥窟是吴哥古迹中保存得最完好的庙宇，以建筑宏伟与浮雕细致闻名于世，也是世界上最大的庙宇。

吴哥窟，位于柬埔寨西北方，占地195万平方米，其中的山形庙中心塔高65米，是世界七大奇迹之一。12世纪时的吴哥王朝国王苏耶跋摩二世希望在平地兴建一座规模宏伟的石窟寺庙，作为吴哥王朝的国都和国寺。因此举全国之力，并花了大约35年的时间才完成建造。

吴哥窟是高棉古典建筑艺术的高峰，它结合了高棉寺庙建筑学的两个基本的布局：祭坛和回廊。祭坛由三层长方形有回廊环绕的须弥台组成，一层比一层高，象征印度神话中位于世界中心的须弥山。在祭坛顶部矗立着按五点梅花式排列的五座宝塔，象征须弥山的五座山峰。寺庙外围环绕一道护城河，象征环绕须弥山的咸海。

吴哥窟的整体布局，从空中可以一目了然：一道明亮如镜的长方形护城河，围绕一个长方形的满是郁郁葱葱树木的绿洲，绿洲有一道寺庙围墙环绕。绿洲正中的建筑乃是吴哥窟寺的印度教式的须弥山金字坛。吴哥窟寺坐东朝西。一道由正西往正东的长堤，横穿护城河，直通寺庙围墙西大门。过西大门，有一条较长的道路，穿过翠绿的草地，直达寺庙的西大门。在金字塔式的寺庙的最高层，可见矗立着五座宝塔，如骰子中五点梅花，其中四个宝塔较小，排四隅，一个大宝塔巍然矗立正中，与印度金刚宝座式塔布局相似，但五塔的间距宽阔，宝塔与宝塔之间连接游廊，此外，须弥山金刚坛的每一层都有回廊环绕，乃是吴哥窟建筑的特色。

吴哥窟基本上是垒石建筑。古时柬埔寨只有祭祀建筑用石建造，王宫则是木结构，镶嵌金窗，宫殿顶部覆以铅瓦和土瓦。民居则是覆盖茅草的竹编的房屋；宫殿和民居现已无存。吴哥窟的垒石方式主要是长方石块层层堆垒，偶有工字形咬合，绝大多数场合不用黏合剂。吴哥窟使用木材的地方很少，在游廊顶有时铺设木质天花板。高棉的建筑师在12世纪已比以前更加熟练而自信地运用砂岩代替砖或红土作为主要的建筑材料。吴哥窟的大部分建材是砂岩方砖，红土则用于外墙和隐闭的结构。

柬埔寨的砂岩主要分两种，一种是粉红色的砂岩，质地坚硬，另一种是灰色砂岩，质地柔软，容易风化剥落，也容易被植物根分裂。这种灰砂岩的表面难保持光滑平整，雕刻的轮廓容易因岁月而模糊不清。吴哥窟的砂岩砖以灰砂岩砖为主。在离吴哥窟40千米的荔枝山找到古代采石场地遗迹，古时依靠水运，人力和大象运送到吴哥窟工地。吴哥窟建筑物的石块上，常见有直径为几厘米的圆孔，可能是古时建筑工人搭棚架运送砂岩石块用的，完工后这些圆孔被石拴或石灰封闭。

吴哥窟中常用的另一种建材是红土石。红土石是岩石经过热带炎热气候长时间风化，以致岩石中的可溶性矿物质流失，残留不溶于水的氧化铁和石英等矿物质而形成的多孔红棕色岩石。中南半岛的地表含丰富的红土石，容易从地层中开采。开采出来的红土石可切割成砖状，置空气中逐渐硬化。在吴哥窟中，红土石常用作台基的护墙，或用于铺地、造堤和围墙。

吴哥窟布局十分匀称，富有节奏。吴哥窟建筑群，有两种形式的对称，镜像对称和旋转对称。从护城河、外郭围墙到中心建筑群，以横贯东西方向的中轴线为中心，呈现准确的镜像对称：广场大道中轴线上南北两个藏经阁、两个水池，也对称的分布在两边。从广场大道能望见吴哥寺正中一高塔，两座较小的塔在左右对称地陪衬着，构成一个山字形。寺庙顶层的五子梅花塔群，除了中轴对称之外，有更严谨的两种旋转对称：从东、西、南、北四方，呈现相同的山字形构图，成90度旋转对称。还有第二组90度旋转对称：从西北、西南、东南、东北四个对角方向看，也是一样的山字形构图。五座宝塔也只有如此安排，才有最大限度的对称效果，四面八方地重复展示同一造型主题。

吴哥窟是东南亚主要的考古学遗址之一，包括林地、吴哥窟遗址公园。1992 年，联合国将吴哥古迹列入世界文化遗产，此后吴哥窟成为柬埔寨的旅游胜地。100 多年来，世界各国投入大量资金在吴哥窟的维护工程上，以保护这份世界文化遗产。吴哥窟的造型，已经成为柬埔寨国家的标志，展现在柬埔寨的国旗上。

点评

在 12 世纪时，吴哥建筑达到了艺术上的高潮。当时建造的吴哥窟，所有的墙壁全都刻有精美的浮雕，每个平台的周围都有面向四方的长廊，连接着神殿、角塔和阶梯，即使长廊的墙上也全都刻有描述古代印度神话故事的浮雕。吴哥窟不仅本身规模宏大无比，庙宇的外面还有一条将近 10 米宽的堤路，直通庙宇的大门，堤路的两边也都竖立着巨大威严的那伽蛇神像。

故宫：世界建筑之林中的瑰宝

故宫，又称“紫禁城”，明清两代的皇宫，也是世界上最大的宫殿。故宫始建于公元1406年，1420年建成，明朝皇帝朱棣始建，设计者蒯祥，占地面积78万平方米，用30万民工，共建了14年，有房屋9999间半，主要建筑是太和殿、中和殿和保和殿。

朱元璋的儿子朱棣与建文帝大战三年，夺得了帝位。朱棣做皇帝后，决定把都城迁到他原来的领地燕，也就是现在的北京。1421年朱棣正式迁都北京，在以后500多年的历史中，明清两代共有24位皇帝在这里行使对全国的统治大权。

故宫，位于北京市中心。历代宫殿都“象天立宫”以表示君权“受命于天”。由于君为天子，天子的宫殿如同天帝居住的“紫宫”禁地，故名“紫禁城”。紫禁城，四面环有高10米的城墙和宽52米的护城河。城南北长961米，东西宽753米，占地面积达72万平方米。城墙四面各开有一门，南有午门，北有神武门，东有东华门，西有西华门。城墙四角，还耸立着4座角楼，角楼有3层屋檐，72个屋脊，玲珑剔透，造型别致。城内宫殿建筑布局沿中轴线向东西两侧展开。红墙黄瓦，画栋雕梁，金碧辉煌。殿宇楼台，高低错落，壮观雄伟。朝暾夕曛中，仿若人间仙境。城之南半部以太和、中和、保和三大殿为中心，两侧辅以文华、武英两殿。北半部则以乾清、交泰、坤宁三宫及东西六宫和御花园为中心，其外东侧有奉先、皇极等殿，西侧有养心殿、雨花阁、慈宁宫等，是皇帝和后妃们居住、举行祭祀和宗教活动以及处理日常政务的地方，称为“后寝”。后半部在建筑风格上不同于前半部。前半部建筑形象是严肃、庄严、壮丽、雄伟，以象征皇帝的至高无上。后半部内廷则富有生活气息，建筑多是自成院落，有花园、书斋、馆榭、山石等。在坤宁宫北面的是御花园。御花园里有高耸的松柏、珍贵的花木、山石和亭阁。名为万春亭和千秋亭的两座亭子，可以说是目前保存的古亭中最华丽的了。前后两部分宫殿建筑总面积达16.3万平方米。整组宫殿建筑布局谨严，秩序井然，寸砖片瓦皆遵循着封建等级礼制，映现出帝王至高无上的权威。

故宫里吸引人的建筑是三座大殿：太和殿、中和殿和保和殿。它们都建在汉白玉砌成的8米高的台基上，以显示封建帝王至高无上的威严。太和殿坐落在紫禁城对角线的中心，故宫的设计者认为，不这样不足以显示皇帝的威严，不足以震慑天下。远远望去犹如神话中的琼宫仙阙。太和殿是最富丽堂皇的建筑，俗称“金銮殿”，是皇帝举行大典的地方，殿高28米，东西63米，南北35米，有直径达1米的大柱92根，其中6根围绕御座的是沥粉金漆的蟠龙柱。御座设在殿内高2米的台上，前有造型美观的仙鹤、炉、鼎，后面有精雕细刻的围屏。整个大殿装饰得金碧辉煌，庄严绚丽。中和殿是皇帝去太和殿举行大典前稍事休息和演习礼仪的地方。保和殿是每年除夕皇帝赐宴外藩王公的场所。

故宫的一些宫殿中设立了综合性的历史艺术馆、绘画馆、分类的陶瓷馆、青铜器馆、明清工艺美术馆、铭刻馆、玩具馆、文房四宝馆、玩物馆、珍宝馆、钟表馆和清代宫廷典章文物展览等，收藏有大量古代艺术珍品，据统计共达1052653件，占中国文物总数的1/6，是中国收藏文物最丰富的博物馆，也是世界著名的古代文化艺术博物馆，其中很多文物是绝无仅有的无价之宝。

故宫严格地按着“前朝后市，左祖右社”的帝都营建原则建造。整个故宫，在建筑布置上，用形体变化、高低起伏的手法，组合成一个整体。在功能上符合封建社会的等级制度，同时达到左右均衡和形体变化的艺术效果。中国建筑的屋顶形式是丰富多彩的，在故宫建筑中，不同形式的屋顶就有10种以上。以三大殿为例，屋顶各不相同。故宫建筑屋顶满铺各色琉璃瓦件。主要殿座以黄色为主。绿色用于皇子居住区的建筑。其他蓝、紫、黑、翠以及孔雀绿、宝石蓝等五色缤纷的琉璃，多用在花园或琉璃壁上。太和殿屋顶当中正脊的两端各有琉璃吻兽，稳重有力地吞住大脊。吻兽造型优美，是构件又是装饰物。一部分瓦件塑造出龙凤、狮子、海马等立体动物形象，象征吉祥和威严，这些构件在建筑上起了装饰作用。

故宫前部宫殿，当时建筑造型要求宏伟壮丽，庭院明朗开阔，象征封建政权至高无上。太和殿坐落在紫禁城对角线的中心，四角上各有十只吉祥瑞兽，生动形象，栩栩如生。故宫的设计者认为这样可以显示皇帝的威严，震慑天下。后部内廷却要求庭院深邃，建筑紧凑，因此东西六宫都自成一体，各有宫门宫墙，相对排列，秩序井然，再配以宫灯对联，绣榻几床，都是体现适应豪华生活需要的布置。内廷之后是宫后苑。后苑里有岁寒不凋的苍松翠柏，有秀石迭砌的玲珑假山，楼、阁、亭、榭掩映其间，幽美而恬静。

故宫宫殿是沿着一条南北向中轴线排列，三大殿、后三宫、御花园都位于这条中轴线上。并向两旁展开，南北取直，左右对称。这条中轴线不仅贯穿在紫禁城内，而且南达永定门，北到鼓楼、钟楼，贯穿了整个城市，气魄宏伟，规划严整，极为壮观。

故宫是几百年前劳动人民智能和血汗的结晶。初建时被奴役的劳动者有工匠十万，夫役百万。在当时的社会生产条件下，能建造这样宏伟高大的建筑群，充分反映了中国古代劳动人民的高度智慧和创造才能。同时，为了修建故宫，如所需的木材，在明代时，大多采自四川、广西、广东、云南、贵州等地，无数劳动人民被迫在崇山峻岭中的原始森林里，伐运木材。所用石料多采自北京远郊和距京郊二三百里的山区。每块石料往往重达几吨甚至几十、几百吨，如现在保和殿后檐的台阶，有一块云龙雕石重约250吨。

建筑学家们认为故宫的设计与建筑，实在是一个无与伦比的杰作，它的平面布局，立体效果，以及形式上的雄伟、堂皇、庄严、和谐，建筑气势雄伟、豪华壮丽，是中国古代建筑艺术的精华。它标志着中国悠久的文化传统，显示着500多年前匠师们在建筑上的卓越成就。

故宫的宫殿建筑，是中国现存最大、最完整的古建筑群。宫殿是沿着一条南北向的中轴线排列，左右对称，南达永定门，北到鼓楼、钟楼，贯穿整个紫禁城。规划严整，气魄宏伟，极为壮观。

点评

故宫，是一座皇家宫殿，也是一座博物馆，凝聚着近600年的宫廷变迁和人世沧桑，积淀了几千年的文化。故宫，以其厚重的内涵，成为中华民族文化、艺术和社会、历史的里程碑。故宫是世界上现存最大最完整的古代宫殿建筑群，也是明清24位皇帝临朝为政和日常生活的地方，是人类珍贵的文化遗产。这里代表了权威，也充满了神秘。

白宫：美国政治家的舞台

白宫是美国总统和政府办公的场所。1812 年英国和美国发生战争，英国军队占领了华盛顿城后，放火烧了包括美国国会大厦和总统府之类的建筑物。过后，为了掩盖被大火烧过的痕迹，1814 年总统住宅棕红色的石头墙被涂上了白色。从那以后，人们就把它称为“白宫”。

白宫，位于华盛顿市区中心宾夕法尼亚大街 1600 号，北接拉斐特广场，南邻爱丽普斯公园，与高耸的华盛顿纪念碑相望，是一座白色的二层楼房。

白宫从前并不是白色的，也不称白宫，而被称作“总统大厦”“总统之宫”。1792 年始建时是一栋灰色的沙石建筑。从 1800 年起，它是美国总统在任期内办公并和家人居住的地方。但是在 1812 年发生的第二次美英战争中，英国军队入侵华盛顿。1814 年 8 月 24 日英军焚毁了这座建筑物，只留下了一副空架子。1817 年重新修复时为了掩饰火烧过的痕迹，门罗总统下令在灰色沙石上漆上了一层白色的油漆。此后这栋总统官邸就一直被称为“白宫”了。1901 年，美国总统西奥多·罗斯福正式把它命名为“白宫”，后成为美国政府的代名词。

白宫共占地7.3万多平方米，由主楼和东、西两翼三部分组成。主楼宽51.51米，进深25.75米，共有底层、一楼和二楼3层。底层有外交接待大厅、图书室、地图室、瓷器室、金银器室和白宫管理人员办公室等。从正门进入的办公楼层共有5个主要房间，由西至东依序是国宴室、红室、蓝室、绿室和东室。东室是白宫最大的一个房间，可容纳300位宾客，主要用作大型招待会、舞会和各种纪念性仪式的庆典。

东厢前花园是贾桂琳花园，贾桂琳是对白宫最有贡献的第一夫人了。她为了将白宫变成一座极有价值的博物馆，开始有系统的收集白宫历史和文物，四处搜寻古董真迹。在白宫历史学会成立后，她请来史密松宁博物馆的专家将白宫所有收藏重新审视整理编目，赋予了白宫历史的内涵。现在许多房间里陈设的精致古董，大半是门罗总统时期的收藏。蓝室充满法国皇家气派：室内以蓝色为主饰以金边花纹的墙壁，衬托出蓝室豪华的风格。克利夫兰总统的婚礼就是在蓝室举行的，每年白宫圣诞树也固定在这里闪耀。蓝室之下是外交使节接待室，是专供各国大使呈递到任国书之处。

蓝室的阳台面对南院草坪，是总统与贵宾经常向民众挥手露面的地方。南草坪上许多树木也是总统或夫人亲手种植，这可能是名垂青史的一种方法吧。当年杰克逊为纪念亡妻而种的一棵木兰树，至今已成枝叶茂盛的百年老树，它和这个国家一起成长茁壮。南草坪正位于整栋大楼中央位置，与上下楼层共三个房间同属椭圆型。蓝室之上的椭圆房间，曾经是总统办公室还做过内阁室和签约室，现在则属于家庭楼层不对外开放。

红室是第一夫人们最喜爱的房间，红室布置成1830年早期形式，摆设在大理石壁炉上的一座18世纪法制音乐钟，是法国总统在1952年赠送的。从桃莉的时代起，每周三晚在这里举办盛会。红室之旁的国宴室，摆放一张门罗时期的13尺长桌，其上镂刻精致的纹饰是令人赞叹的杰作，是白宫的精品之一。国宴室可容纳130位宾客用餐，在大理石壁炉上方铭刻着第一位白宫主人亚当斯在1800年11月2日写给夫人信中的一段话：“我祈求上苍赐予最大福分给这所房屋和所有此后居住的人，但愿只有诚实和智慧的人住在此屋檐下。”

白宫二层，为总统全家居住的地方。主要有林肯卧室、皇后卧室、条约厅和总统夫人起居室、黄色椭圆形厅等。林肯卧室是林肯办公和召开内阁会议的地方，著名的《解放黑人宣言》即在此签字。以玫瑰色和白色为主调加以装饰的皇后卧室，曾接待过英国伊丽莎白女王、荷兰女王等贵宾。

白宫西翼由西奥多·罗斯福总统主持，于1902年建成；东翼由富兰克林·罗斯福总统主持，于1941年建成。其中最主要的厅室是西翼内侧的椭圆形总统办公室。它宽敞、明亮，地上铺着一块巨大的蓝色地毯，地毯正中织有美国总统的金徽图案：50颗星排列成圆形，环绕着一只鹰。办公室后部两侧分别竖立着美国国旗和总统旗帜。正面墙上是身着戎装威容凛然的华盛顿油画像，两边摆着两只雅致的中国古瓷花瓶。办公室左边墙架上陈设的外国贵宾赠送的礼物中，有中国1979年赠送的“马踏飞燕”仿古青铜器。总统的大办公桌上放置着这样一条座右铭：“这里要负最后责任。”

白宫的南面，是一个由粗大的乳白色石柱支撑的宽大门廊，正面4根，旁边各2根。门廊的正前方就是有名的南草坪。总统的直升机座机可在此起落。由于白宫是坐南朝北，因此南草坪就成了白宫的后院，通称为总统花园。园内，灌木如篱，绿树成荫，如垠草坪中有一水池，池中喷泉喷珠吐玉，高可数丈。池塘四周的花圃里，姹紫嫣红。南门前两侧8棵枝繁叶茂、生机勃勃的木兰树，已有150年树龄。国宾来访时，都要在南草坪举行正式欢迎仪式。每年春天的复活节时，总统和夫人都要在这里举行传统的游园会。

从海斯夫人开始，在各个房间悬挂总统及夫人画像成为白宫新旧主人的共同爱好。目前在蓝室挂有四位早期总统画像：亚当斯、杰弗逊、门罗和泰勒；国宴室则悬挂林肯画像；东室有华盛顿画像——这是喜爱社交的麦迪逊夫人多莉对白宫唯一的功绩。两百多年时光弹指流逝，只有华盛顿的画像屹立在这里，注视着由他一手创立的国家。

白宫现在供游人参观的部分主要是白宫的东翼，包括底层的外宾接待室、瓷器室、金银器室和图书室，一楼的宴会厅、红厅、蓝厅、绿厅和东大厅。它是世界上唯一定期向公众开放的国家元首的官邸。

点评

200多年来，白宫一直是美国最高行政长官的官邸，也是美国所有家庭和住宅的代表。正因为如此，入住白宫的男主人都充满了责任感和使命感。正如富兰克林·罗斯福在一次讲话中提到的："我从未忘记，我住在一幢属于全体美国人的房子里，我受到他们的信任。"

白金汉宫：英国王室的象征

白金汉宫，英国的王宫，是英国宏伟的建筑之一。

白金汉宫，建造在英国伦敦威斯敏斯特城内，位于圣詹姆士宫与维多利亚火车站之间，1703年由白金汉公爵兴建，故称“白金汉宫”，最早称白金汉屋，意思是“他人的家”。

白金汉宫，是19世纪前期的豪华式建筑风格，庞大的规模甚至比华丽的外表更加引人注目。1726年由乔治三世购得，一度曾做过帝国纪念堂、美术陈列馆、办公厅和藏金库，1825年改建成王宫建筑。1837年维多利亚女王继位起正式成为王宫，现仍是伊丽莎白女王的王室住地。女王召见首相、大臣，接待和宴请外宾及其他重要活动，均在此举行。白金汉宫于1931年用石料装饰了外墙面，最近的一次外墙清洗使其重放异彩。

白金汉宫是一座四层正方体灰色建筑物，悬挂着王室徽章的庄严的正门，是英皇权力的中心地，四周围上栏杆。宫殿前面的广场有很多雕像，以及由爱德华七世扩建完成的维多利亚女王纪念堂，胜利女神金像站在高高的大理石台上，金光闪闪，就好像要从天而降似的。维多利亚女王像上的金色天使，代表皇室希望能再创造维多利亚时代的光辉。宫内有典礼厅、音乐厅、宴会厅、画廊等六百余间厅室，此外占地辽阔的御花园，花团锦簇、美不胜收。若皇宫正上方飘扬着英国皇帝旗帜，则表示女王仍在宫中。如果没有的话，那就代表女王外出。如今女王的重要国事活动，如召见首相和大臣、接待和宴请来访的外国国家元首或政府首脑、接受外国使节递交国书等都在该宫举行。此外，来英进行国事访问的国家元首也在宫内下榻。王宫由身着礼服的皇家卫队守卫。目前白金汉宫的拥有者是伊丽莎白二世，她出生于1926年，是乔治三世的长女。

整个白金汉宫用铁栏杆围着，对着白金汉宫主建筑物的铁栏杆外，有一个广场，广场中央竖立着维多利亚镀金雕像纪念碑，它的四周有四组石雕群。王宫西侧为宫内正房，其中最大的有“皇室舞厅”，建于1850年，专为维多利亚女王修建。厅内悬挂有巨型水晶吊灯。蓝色客厅被视为宫内最雅致的房间，摆有为拿破仑一世制作的“指挥桌”。拿破仑失败后，法国路易十八将桌子赠送给当时英摄政王乔治四世。白色客厅是用白、金两色装饰而成的，室内有精致的家具和豪华的地毯，大多是英、法工匠的艺术品。御座室内挂有水晶吊灯，四周墙壁顶端绘有15世纪玫瑰战争的情景。正中的御座是当今女王1953年加冕时和王夫爱丁堡公爵使用的，室内还保存了维多利亚女王的加冕御座和英王乔治四世加冕时使用的四张大座椅。宫内音乐室的房顶呈圆形，用象牙和黄金装饰而成，维多利亚女王和王夫阿尔伯特亲王曾常在此举办音乐晚会。

伊丽莎白二世，无疑是在此生活最久的女王。从其父王即位的1936年到她结婚的1947年，她一直同妹妹玛嘉烈公主住在方形楼的三层，即正门的右边。5年后，她又以女王的身份回到这里，和她的丈夫及他们的4个儿女住在北翼的二层楼上，那是她父母从前住过的私人套房。女王的个人套房分两个部分：一部分是其日常工作区域，包括她的接见厅和办公室，这一房间最易从外边认出，因为只有那儿的窗户是圆拱形的。另一部分包括她的私人餐厅、卧室、浴室和藏衣室。这间藏衣室又通过一座内部楼梯与三层楼上的一处储藏室相连，那层楼上还有许多盥洗室。宫内的家具摆设相当简单，女王及其丈夫并不过分豪华，至少他们的日常生活是如此。家具没有包金，也不带著名红木家具商的印记，而是些很实用的家具。唯一可让人看出女王财力雄厚的痕迹是，其住处墙壁上悬挂的油画的笔触之高深，颇为惊人。这些画作不仅拥有欧洲绘画大师的署名，且经常从王室收藏的名画中轮换悬挂。

点评

白金汉宫在建筑学上讲，说不上是一座精美绝伦、熠熠生辉的建筑群，但它却是驰名世界的君王宫阙，无声地诉说着英吉利民族的由来、英格兰国家的起源、大不列颠王室的兴衰沉浮、日不落帝国的沧桑历程。作为英国王权的象征，白金汉宫主人的荣华辛酸以及那风格别致的宫殿，栩栩如生的镀金雕像群、花团锦簇的御花园、琳琅满目的女王艺廊、戎装皇家卫队的换岗仪式……都令游人流连忘返。

克里姆林宫：世界第八奇景

克里姆林宫，俄罗斯总统的官邸驻地，享有“世界第八奇景”的美誉。克里姆林宫曾是历代沙皇的宫殿、莫斯科最古老的建筑群。12 世纪上叶，多尔戈鲁基大公在波罗维茨低丘上修筑了一个木结构的城堡——克里姆林宫，莫斯科就是从这个城堡逐步发展起来的。

克里姆林宫，位于俄罗斯的莫斯科市中心，是俄罗斯的标志之一。克里姆林宫，坐落在涅格林纳河和莫斯科河汇合处的波罗维茨丘陵上，南临莫斯科河，西北依亚历山德罗夫花园，东南界红场，始建于 1156 年，初为木墙，1367 年改为石墙。15 世纪的砖砌宫墙保留至今。中央教堂广场上建有 15—16 世纪圣母升天教堂、天使教堂、报喜教堂、伊凡大帝钟楼和多棱宫等。1788 年参议院大厦（今政府大厦）竣工。19 世纪 40 年代建成克里姆林宫大厦。宫墙四周有塔楼 20 座。在克里姆林宫周围是红场和教堂广场等一组规模宏大、设计精美巧妙的建筑群。此外，还有建于公元 18 世纪的枢密院大厦，以及建于公元 19 世纪的大克里姆林宫和兵器陈列馆等。每一座建筑都蕴涵着俄罗斯人民无与伦比的智慧，是世界建筑史上不可多得的杰作。宫内保存有俄国铸造艺术的杰作：重达 40 吨的“炮王”和 200 吨的“钟王”。克里姆林宫由此成为俄罗斯备受珍视的文化遗产。

克里姆林宫整体呈不等边三角形的形状，面积 27. 5 万平方米，始建于 1156 年，原为苏兹达里大公爵尤里·多尔哥鲁的庄园，有木造小城堡，称“捷吉涅茨”。1367 年在城堡原址上修建白石墙，随后又在城墙周围建造塔楼。几经修缮扩建，20 座塔楼参差错落地分布在三角形宫墙的三边。1935 年在斯巴斯克塔、尼古拉塔、特罗伊茨克塔、波罗维茨塔和沃多夫塔等塔楼各装有大小不一的五角星，以红水晶石和金属框镶制而成，内置 5 千瓦功率照明灯，红光闪闪，昼夜遥遥可见。

大克里姆林宫是克里姆林宫的主体宫殿，坐落在克里姆林宫西南部，1839—1849 年建造，为二层楼建筑，楼上有露台环绕。宫的正中是饰有各种花纹图案的阁楼，上有高出主建筑物的紫铜圆顶，并立有旗杆，节日时即升上国旗。第一层正面大厅全用大理石、孔雀石装饰，陈列有青铜制品、精致瓷器和 19 世纪的家具；二层有格奥尔基耶夫大厅、弗拉基米尔大厅和叶卡捷琳娜大厅。苏联解体前，大厅主席台正中立着列宁塑像。大厅正面有 18 根圆柱，柱顶均塑有雕像。

克里姆林宫大礼堂处在呈三角形的克里姆林宫建筑群的中心位置，始建于 1960 年年初，1961 年 10 月投入使用，总建筑面积 60 万平方米，是莫斯科乃至俄罗斯最壮观的大礼堂。这座白色乌拉尔大理石和玻璃结构的恢弘建筑，凝聚了现代建筑的特点和俄罗斯传统建筑风格。克里姆林宫大礼堂同时也是一座现代化的剧院。这里有 6000 个舒适的坐席，坐席以主席台为中心呈半圆形向外辐射。每个坐席配有电子投票和同声传译系统。主席台即舞台面积为 450 平方米，灯光、音响、布景等设施一应俱全，还有能容纳一个交响乐团的乐池。环绕剧院的是明亮宽敞的休息大厅。大礼堂的最高一层是 900 平方米的宴会厅。大会堂整个建筑的 1/3 建在地下，主要是办公用房，整个建筑共有 800 间办公室。

克里姆林宫大礼堂是俄罗斯举行重要会议、节日庆典和颁奖授勋的地方，也是普通民众欣赏芭蕾舞、聆听音乐会和观看时装表演的场所。俄罗斯的表演团体在这里献艺，来自世界各地的著名艺术家也在这里演出。大礼堂还经常为普通观众和青少年举办普及性的芭蕾舞等演出。

克里姆林宫内的教堂建筑也很有特色。宫内有一个教堂广场，广场四周围绕着四座教堂：十二使徒教堂、圣母升天教堂、天使报喜教堂及圣弥额尔教堂。但最美的教堂要数位于红场上的有“用石头描绘的童话”之称的圣瓦西里大教堂。它是伊凡四世时所建，由九座参差不齐的高塔组成，中间最高的方形塔高达 17 米。虽然这九座塔彼此的式样色彩均不相同，但却十分和谐。更难得的是，它与克里姆林宫的大小宫殿、教堂搭配出一种特别的情调，为整个克里姆林宫增色不少。

克里姆林宫不愧为一座大型博物馆和艺术的殿堂。宫中原有一个大武器库，1720 年彼得大帝将其改建成博物馆。馆内收藏着许多珍贵文物，有历代沙皇用过的物品、美术工艺品，以及掠夺而来的战利品。这里的皇冠、神像、十字架、盔甲、礼服和餐具无不镶满宝石，仅福音书封面就嵌有 26 千克黄金，以及无以数计的宝石；哥登诺大帝的金御座上则镶有两千颗宝石。信步宫中宛如目睹沙皇奢侈的生活。另外，四座教堂中收藏的文物珍宝也非同一般。教堂中满墙装饰着用黄金做框架的圣画像；圣母升天教堂内的圣画像则是出自希腊画家的手笔，价值连城；圣弥额尔教堂内有历代沙皇的灵柩，装饰得极为富丽堂皇。

一句俄罗斯谚语这样形容雄伟庄严的克里姆林宫：“莫斯科大地上，唯见克里姆林宫高耸；克里姆林宫上，唯见遥遥苍穹。”克里姆林宫是俄罗斯世俗和宗教的文化遗产，它既是政治中心，又是公元 14—17 世纪俄罗斯东正教的活动中心。这里过去是统治俄国的多代君王的皇宫，十月革命后是苏联最高权力机关和政府的所在地，今天又是俄罗斯的总统府。可以说，从公元 13 世纪起，克里姆林宫就与俄罗斯的所有重大政治事件有关，它见证了俄罗斯从一个莫斯科大公国发展至今日横跨欧亚大陆的强大国家的全部历史。

点评

克里姆林宫那高大坚固的围墙和钟楼、金顶的教堂、古老的楼阁和宫殿，耸立在莫斯科河畔的波罗维茨基山岗上，构成了一组无比美丽而雄伟的艺术建筑群。它已经被联合国教科文组织列为世界文化和自然保护遗产。克里姆林宫是俄罗斯国家的象征，是世界上最大的建筑群之一，是历史瑰宝、文化和艺术古迹的宝库。

凡尔赛宫：

法国古典主义艺术最杰出的典范

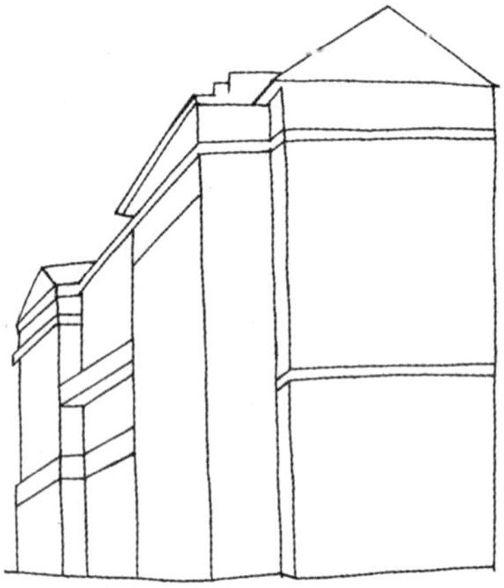

凡尔赛宫，曾是法国的王宫，是欧洲最宏大、最豪华的皇宫，是人类艺术宝库中的一颗绚丽灿烂的明珠。1979 年，凡尔赛宫被列为《世界文化遗产名录》。

凡尔赛宫，位于法国巴黎西南郊外伊夫林省省会凡尔赛镇。凡尔赛宫和园林是 17 世纪专制王权的象征，也是法国古典主义艺术最杰出的典范。凡尔赛宫所在地区原来是一片森林和沼泽荒地。1624 年，法国国王路易十三在这里修建了一座二层的红砖楼房，用作狩猎行宫。当时的行宫拥有 26 个房间，二楼有国王办公室、寝室、接见室、藏衣室、随从人员卧室等房间，一层为家具储藏室和兵器库。1661 年，路易十四将这里改造成一座豪华的王宫。凡尔赛宫于1689年全部竣工，至今已有300多年的历史了。

凡尔赛宫占地面积111万平方米。宫殿气势磅礴，布局严密、协调。正宫朝东西走向，两端与南宫和北宫相衔接，形成对称的几何图案。宫顶建筑摒弃了巴洛克的圆顶和法国传统有尖顶建筑风格，采用了平顶形式，显得端正而雄浑。宫殿外壁上端，林立着大理石人物雕像，造型优美，栩栩如生。

凡尔赛宫的外观宏伟、壮观，内部陈设和装潢更富于艺术魅力。500多间大殿小厅处处金碧辉煌，豪华非凡。内壁装饰以雕刻、巨幅油画及挂毯为主，配有十七八世纪造型超绝、工艺精湛的家具。宫内还陈放着来自世界各地的珍贵艺术品，其中有远涉重洋而来的中国古代的精致瓷器。

正宫前面是一座风格独特的法兰西式大花园。近处是两池碧波，沿池而塑的铜雕多姿多态，美不胜收。园林作几何式布局，中轴线长达3千米。靠近宫殿的是图案式花园，它的西边是小林园，再往西是大林园。轴线在小林园中的一段叫“王家大道”（今名“绿毯”），主题是歌颂“太阳王”路易十四。大林园以十字形水渠为骨干，横向水渠的北端有国王的别宫大小特里阿农。小特里阿农的花园曾是中国式的，后经改造，但还存有自由布局和叠石假山等遗迹。

1789年，路易十六当权时，凡尔赛宫的富丽堂皇、奢侈豪华，达到登峰造极、无以复加的地步。终于引起人民的愤慨，大革命期间，凡尔赛宫几乎被荒废。直至1837年，路易·菲利普才重新修理，把它改为法兰西历史博物馆，展出美术、雕刻等许多艺术品。

凡尔赛宫主要由建筑师勒沃和芒萨尔先后设计，室内装修由勒布伦负责。18世纪时，建筑师加布里埃尔增建了教堂、剧场和其他一些部分。园林的设计人是勒诺特尔。宫殿的建筑风格基本是古典主义的，但在室内装修上有许多巴洛克的因素。17世纪下半叶和18世纪上半叶，法国最优秀的绘画、雕塑和工艺品都集中在凡尔赛宫和它的园林里。所以凡尔赛代表着当时法国美术和工程技术的最高成就。1837年，它成了博物馆，向公众开放。

凡尔赛宫始终是法国封建统治历史时期的一座华丽的纪念碑。凡尔赛宫不仅是法兰西宫廷，而且是国家的行政中心，也是当时法国社会政治观点、生活方式的具体体现。凡尔赛宫是欧洲自古罗马帝国以来，第一次表现出能够集中如此巨大的人力、物力、财力的专制政体力量。当时，路易十四为了建造它，共动用了3万余名工人和建筑师、工程师、技师，除了要解决建造大规模建筑群所产生的复杂技术问题外，还要解决引水、道路等各方面的问题。可见，凡尔赛宫的成功，有力地证明了当时法国经济和技术的进步和劳动人民的智慧。

今日的凡尔赛宫已是举世闻名的游览胜地，各国游人络绎不绝，参观人数每年达200多万。南北宫和正宫底层处已改为博物馆，收藏着大量珍贵的肖像画、雕塑、巨幅历史画以及其他艺术珍品。凡尔赛宫除供参观游览之外，法国总统和其他领导人也常在此会见或宴请各国国家首脑和外交使节。

凡尔赛宫宫殿为古典主义风格建筑，立面为标准的古典主义三段式处理，即将立面划分为纵、横三段，建筑左右对称，造型轮廓整齐、庄重雄伟，被称为是理性美的代表。其内部装潢则以巴洛克风格为主，少数厅堂为洛可可风格。

凡尔赛宫的建筑风格引起俄国、奥地利等国君主的羡慕仿效。彼得一世在圣彼得堡郊外修建的夏宫、玛丽亚·特蕾西亚在维也纳修建的美泉宫、腓特烈二世和腓特烈·威廉二世在波茨坦修建的无忧宫以及巴伐利亚国王路德维希二世修建的海伦希姆湖宫都仿照了凡尔赛宫的宫殿和花园。

点评

凡尔赛宫是法国古典主义的宫殿及园林的代表作。它宏伟壮丽的外观和严格规则化的园林设计是法国封建专制统治鼎盛时期在文化上的古典主义思想所产生的结果。几百年来欧洲皇家园林几乎都遵循了它的设计思想。

阿尔罕布拉宫：宫殿之城

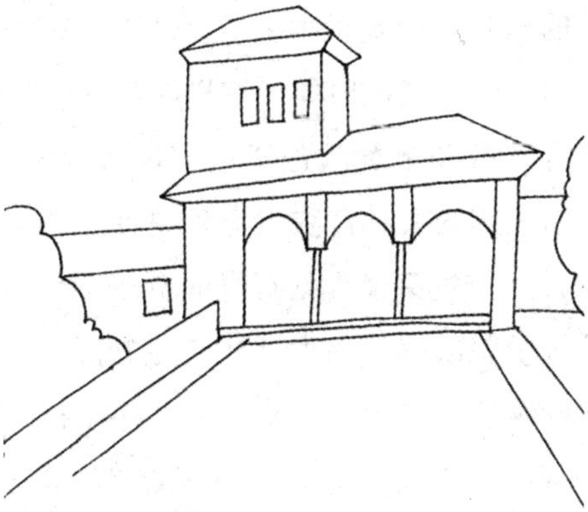

阿尔罕布拉宫，全称是西班牙阿尔罕布拉宫，是西班牙格拉纳达的象征。阿尔罕布拉宫带着浓厚的摩尔文化气息，堪称是西班牙摩尔艺术顶峰的代表。阿尔罕布拉宫原是摩尔人作为要塞的宫堡，但建成后，其无与伦比的神秘而壮观的气质，使得这座宏伟的宫殿不仅成为伊斯兰艺术开放在西班牙最璀璨的花朵，更是建筑史上的经典之作。

阿尔罕布拉宫，位于西班牙格拉纳达的一个孤险的山上，并用一圈3500米长的红石墙围起来，蜿蜒于浓林绿丛之中，这也是阿尔罕布拉宫"红堡"得名的由来。阿罕布拉宫占地14.16万平方米，四周环以高厚的城堡和数十座城楼，有"宫殿之城"和"世界奇迹"之称。此宫在格拉纳达，见证着昔日摩尔人在安达卢西亚的辉煌岁月。当地有谚语说"世上最不幸者，即是生于格拉纳达的盲人"，用以说明那里精美的建筑艺术。

阿尔罕布拉宫，曾是西穆斯林最大的政治与贵族化中心，除了作为阿拉伯国王及其随从下榻和居住的纳萨里风格的建筑之外，宫殿建筑群由非常美丽的长方形院落和为数众多的喷泉组成。最古老的建筑是宫中的城堡阿尔卡萨瓦堡。从最重要的建筑物瞭望塔上可以欣赏到阿尔罕布拉宫最美丽的风景。其中的狮子庭院和喷泉则是整个宫殿建筑群中最美丽的景色。

狮子院为一长方形庭院，35 米，宽 20 米，周围环绕着 124 根大理石圆柱，它们不规则、挤挤攘攘地排列着，组成纤巧的游廊。这纤丽精巧的券廊从强烈而不安定的光彩变化显示出狮子院的娇媚。中间有模仿西妥教团净手间形式的建筑，轻灵的圆形屋顶饰有金银丝镶嵌做工精美的图案。宫院的地面用彩砖铺砌，四周的墙壁镶以 1. 5 米高的蓝黄两色相间的彩砖，上下还有靛蓝和金黄两色瓷釉的饰边。室内布满色彩鲜艳的几何形纹饰和阿拉伯文字图案。宫院中心就是狮子泉，是一个雕有 12 头象征力量的白大理石狮子簇拥着雪花石膏的盘子形水池，狮子造型雄劲，气势夺人，这就是狮子院的得名，附近还有姐妹厅，有数达 5000 个小而凹陷，形态各异的蜂窝状的屋顶，这是摩尔人钟浮石穹顶的代表作。

在阿尔罕布拉宫的外围建筑物中，以建于 13 世纪的“营造商花园”中的别墅最为有名，阿尔罕布拉宫的自然环境宁静而清新，花园中的玫瑰，桂树和桃金娘为摩尔人所遗，芬芳馥郁，在园中还有一棵榆树，这是 1812 年英国威灵顿公爵从英国移植到这里的。

阿尔罕布拉宫的第三个宫殿也是最漂亮的皇宫，是皇室家族休息的地方，这个地方到处充满雕刻。过去这里雕刻有四种颜色：红色、蓝色、黄色、绿色，现在颜色都已褪去，但看起来还是非常美。宫廷由 124 根纤细的雕花圆柱组成，环绕着狮子庭的喷水池，由 12 头狮子支撑，过去 12 头狮子可以计时，每过一钟头就有一个狮子喷水。庭中四条道路象征天堂上的四条路，分别由奶、酒、水、蜜糖制成。城堡里精心设计的花园，像迷宫一样的草场，水花四溅的喷泉，都让人感觉到回教的气息。看见宫殿的奢华，可以推想当时王朝的盛世。“装饰”在阿尔罕布拉宫具有显著的重要性。在西班牙伊斯兰园林中，最有意义的装饰元素包括：铺砌釉面砖的壁脚板、墙身、横饰带、覆有装饰性植物主题图案的系列拱门，以及用弓形、钟乳石等修饰的顶棚等。在这些装饰性元素的作用下，中庭回廊的外观显得豪华而耀眼。

阿尔罕布拉宫始建于 13 世纪阿赫马尔王及其继承人统治期间。1492 年摩尔人被逐出西班牙后，建筑物开始荒废。1828 年在斐迪南七世的资助下，经建筑师何塞·孔特雷拉斯与其子、孙三代进行长期的修缮与复建，才恢复原有风貌。

阿尔罕布拉宫是伊斯兰教世俗建筑与造园技艺完美结合的建筑名作，是阿拉伯式宫殿庭院建筑的优秀代表，1984 年被选入联合国教科文组织世界文化遗产名录之中。

点评

阿尔罕布拉宫内部的天花板设计和墙上的雕刻装饰精美无比，是宫殿闻名于世的重要原因。阿尔罕布拉宫也是摩尔建筑艺术在世界上的经典代表，是欧洲最受欢迎的旅游景点之一。

卢浮宫：举世闻名的艺术殿堂

卢浮宫，是世界上最古老、最大、最著名的博物馆之一，同时，卢浮宫也是法国历史上最悠久的王宫。

卢浮宫，位于法国巴黎市中心的塞纳河北岸，始建于1204年，历经700多年扩建、重修达到了今天的规模。卢浮宫占地面积约为45万平方米，建筑物占地面积为4．8万平方米，全长680米。卢浮宫的整体建筑呈“U”形，分为新、老两部分，老的建于路易十四时期，新的建于拿破仑时代。宫前的金字塔形玻璃入口，是华人建筑大师贝聿铭设计的。

卢浮宫始建于12世纪末，由法王腓力二世下令修建，最初是用作防御的城堡，边长约90米，四周有城壕，其面积大致相当于今卢浮宫最东端院落的1/4。当时的卢浮宫并不是法国国王的居所，而是被用来存放王室的财宝和武器的。

14世纪，法王查理五世觉得卢浮宫比位于塞纳河当中的城岛的王宫更适合居住，于是搬迁至此。在他之后的法国国王再度搬出卢浮宫，直至1546年，弗朗索瓦一世才成为居住在卢浮宫的第二位国王。弗朗索瓦一世命令建筑师皮埃尔·勒柯按照文艺复兴风格对其加以改建，于1546—1559年修建了今日卢浮宫建筑群最东端的卡利庭院。扩建工程一直持续到亨利二世登基。亨利二世去世后，王太后卡特琳·德·美第奇集中力量修建杜伊勒里宫及杜伊勒里花园，对卢浮宫的扩建工作再度停止。

波旁王朝开始后，亨利四世和路易十三修建了连接卢浮宫与杜伊勒里宫的大长廊，又称“花廊”。路易十四时期曾令建筑师比洛和勒沃对卢浮宫的东立面按照法国文艺复兴风格加以改建，改建工作从1624年一直持续到1654年。

1682年，法国宫廷移往凡尔赛宫后，卢浮宫的扩建再度终止。路易十四曾计划放弃卢浮宫，并将其拆除，但后来改变了主意，让法兰西学院纹章院、绘画和雕塑学院以及科学院搬入卢浮宫的空房，此外还有一些学者和艺术家被国王邀请住在卢浮宫的一层和大长廊的二楼。1750年法王路易十五正式提出了拆除卢浮宫的计划。但由于宫廷开支过大，缺乏足够的金钱来雇佣拆除卢浮宫所需的工人，该宫殿因此得以幸存。

1789年10月6日，巴黎的民妇集群前往凡尔赛宫，将法王路易十六挟至巴黎城内，安置于杜伊勒里宫，该时期对卢浮宫进行了简单的清理打扫工作。法国大革命期间，卢浮宫被改为博物馆对公众开放。拿破仑即位后，开始了对卢浮宫的大规模扩建，建造了面向里沃利林荫路的北翼建筑，并在围合起来的巨大广场中修建了卡鲁索凯旋门，作为杜伊勒里宫的正门。拿破仑三世时期修建了黎塞留庭院和德农庭院，完成了卢浮宫建筑群。

1871年5月，巴黎公社面临失败时，曾在杜伊勒里宫和卢浮宫内举火，试图将其烧毁。杜伊勒里宫被完全焚毁，卢浮宫的花廊和马尔赞长廊被部分焚毁，但主体建筑幸免。第三共和国时期拆除了杜伊勒里宫废墟，形成了卢浮宫今日的格局。

卢浮宫的收藏品多达40万件，由古代埃及艺术、古代东方艺术、古代希腊和古代罗马艺术、中世纪文艺复兴雕塑艺术、现代雕塑艺术、工艺美术及绘画艺术等7个部分组成。卢浮宫馆藏虽丰，但慕名而来的观众却难窥其庐山真面目。因为它的6个展馆仅在星期一、三两天基本全部开放，其余4天轮流开放，星期日只开一半。而且目前的展品仅占全部馆藏的1/3。如今它的藏画就有1．5万件，但平时用以出展的不过2000多件，因此，有幸目睹卢浮宫全部珍藏的人寥寥无几。置身于40万件艺术珍品的包围之中，无论是谁都会对艺术本身或隐含其中的历史的、情绪的沉积浮想联翩——卢浮宫的魅力也正在于此。

卢浮宫的陈列分为 7 个部门：古东方文物伊斯兰艺术、古埃及文物、古希腊与古罗马文物、工艺品、绘画、雕刻以及负责筹划短期和长期展览的平面艺术部门，分布在黎希留馆、绪利馆和德农馆三个馆区、从地下夹层到三层中。每个楼层细分为 10 个小区域，每个区域内展示厅都按参观方向编号。卢浮宫的镇馆三宝——《米罗岛的维纳斯》《萨摩屈拉克胜利女神》和《蒙娜丽莎》肖像，是精品中的精品。

卢浮宫是一个具有文艺复兴时期风格的金碧辉煌的王宫。迄今为止，卢浮宫已成为世界著名的艺术殿堂。1981 年，法国实行了“大卢浮宫”计划，著名建筑设计师贝聿铭设计了一个玻璃金字塔作为卢浮宫的总入口，它与古典式的宫殿形成特殊的对比。

点评

卢浮宫有着非常曲折、复杂的历史，而这又是和巴黎以至法国的历史错综地交织在一起的。人们到这里当然是为了亲眼看到举世闻名的艺术珍品，同时也是想看卢浮宫这座建筑本身，因为它既是一件伟大的艺术杰作，也是法国近千年来历史的见证。这里曾经居住过 50 位法国国王和王后，还有许多著名艺术家在这里生活过。

布达拉宫：高原圣殿

布达拉宫，位于西藏自治区拉萨市西北的玛布日山上，是著名的宫堡式建筑群，藏族古建筑艺术的精华，也是中华民族古建筑的精华之作。

布达拉宫，始建于公元7世纪，是藏王松赞干布为远嫁西藏的唐朝文成公主而建的。在拉萨海拔3700多米的红山上建造了999间房屋的宫宇——布达拉宫。宫堡依山而建，现占地41万平方米，建筑面积13万平方米，宫体主楼13层，高115米，全部为石木结构，5座宫顶覆盖镏金铜瓦，金光灿烂，气势雄伟，被誉为“高原圣殿”。

布达拉宫是历世达赖喇嘛的冬宫，也是过去西藏地方统治者政教合一的统治中心，从五世达赖喇嘛起，重大的宗教、政治仪式均在此举行，同时又是供奉历世达赖喇嘛灵塔的地方。

布达拉宫依山垒砌，群楼重叠，殿宇嵯峨，气势雄伟，有横空出世，气贯苍穹之势，坚实敦厚的花岗石墙体，松茸平展的白玛草墙领，金碧辉煌的金顶，具有强烈装饰效果的巨大镏金宝瓶、幢和经幡，交相辉映，红、白、黄三种色彩的鲜明对比，分部合筑、层层套接的建筑型体，都体现了藏族古建筑迷人的特色。

布达拉宫宫殿的设计和建造根据高原地区阳光照射的规律，墙基宽而坚固，墙基下面有四通八达的地道和通风口。屋内有柱、斗拱、雀替、梁、椽木等，组成撑架。铺地和盖屋顶用的是叫“阿尔嘎”的硬土，各大厅和寝室的顶部都有天窗，便于采光，调解空气。宫内的柱梁上有各种雕刻，墙壁上的彩色壁画面积有2500多平方米。宫内还收藏了西藏特有的、在棉布绸缎上彩绘的唐卡以及历代文物。

布达拉宫的主体建筑，就其功能主要分两大部分，一是达赖喇嘛生活起居和政治活动的地方，一是历代达赖喇嘛的灵塔和各类佛殿。第一部分主要集中在白宫。白宫始建于1645年，历时8年，以松赞干布时原有的观音堂为中心，向东向西修建起一片巨大的寺宇。整个寺宇的墙面被涂成白色，远远望去，分外醒目，人们称之为“白宫”。白宫高7层，位于第4层中央的“措钦夏”（东大殿）面积717平方米，由38根大柱支撑，是布达拉宫最大的殿堂，历代达赖喇嘛在此举行坐床、亲政大典等重大宗教和政治活动。第5，6两层是摄政办公和生活用房。最高的一层（第7层）是达赖喇嘛冬宫，这里采光面积很大，从早到晚，阳光灿烂，俗称“日光殿”。殿内陈设豪华，金盆玉碗，珠光宝气，显示出主人高贵的地位。宫殿外，有一个宽大的阳台，从这里可以俯视整个拉萨城。远处是起伏连绵的群山，美丽的拉萨河宛如一条缎带，从天边飘来。近处是片片田陇阡陌，绿树村舍，还有古老的大昭寺金碧辉煌的金顶；第二部分主要集中在红宫。红宫建于1690年，当时，清康熙帝还特意从内地派了100余名汉、满、蒙工匠进藏，参与扩建布达拉宫这一浩大的工程。红宫的主体建筑是各类佛堂和达赖喇嘛的灵塔。宫内有8座存放各世达赖喇嘛法体的灵塔，其中以五世达赖喇嘛的灵塔最大、最华丽，高14.85米，塔身用金皮包裹，镶珠嵌玉。据说共用黄金11万余两，珍珠、宝石、珊瑚、琥珀、玛瑙等18677颗。红宫中最大殿堂“司西平措”（西大殿）面积725米，殿内正中上方高悬乾隆所赐“涌莲初地”匾额，设有达赖喇嘛宝座。殿中还存有清康熙帝赠送的大型锦帐一对，是布达拉宫的珍宝之一。殊胜三界殿是红宫最高的殿堂，一旁的经书架上，还置放着雍正皇帝赐予七世达赖喇嘛的北京版《丹珠尔》经书。红宫最西是十三世达赖喇嘛灵塔殿，高14米，传说殿内的坛城是用20万余颗珍珠串缀而成的。布达拉宫内部精美豪华的装饰是藏族艺术的宝库。红宫主要是宗教活动场所和灵塔祀殿，而白宫是达赖喇嘛的居室和政治活动中心。

红白两色浑然一体，充分体现了旧西藏政教合一的社会特征。自从白宫落成后，五世达赖喇嘛即由哲蚌寺移居这里，一直到他去世。此后的历代达赖喇嘛都将布达拉宫作为自己居住和进行宗教活动的地方，于是布达拉宫成为喇嘛及信教群众顶礼膜拜的圣地。

布达拉宫还有一些附属建筑，包括山上的朗杰札仓、僧官学校、僧舍、东西庭院和山下的宫前雪老城内的原西藏地方政府的马基康、雪巴列空、印经院以及监狱、马厩和布达拉宫后园龙王潭等。

300余年来，布达拉宫作为西藏“政教合一”政权的中心，收藏保存了极为丰富的历史文物和工艺品，堪称西藏历史文化艺术的博物馆，其中5万多平方米色彩鲜艳、人物形象栩栩如生的壁画是布达拉宫的一绝。布达拉宫的壁画可分为4类：宗教故事、风俗民情、人物传记、历史事件。历史上布达拉宫扩建的场面被壁画生动地记录下来，文成公主进藏的壁画，再现了公元7世纪汉藏两民族和睦相处的情景，西大殿一面墙上是1652年五世达赖进京觐见顺治皇帝的壁画，十三世达赖灵塔殿内，则绘有十三世达赖进京觐见光绪皇帝和慈禧太后的场面。宫中还有近千座佛塔、上万座塑像、大量的唐卡以及贝叶经、金珠尔经等珍贵文物典籍。表明历史上西藏地方政府与中央政府关系的明清两朝皇帝封赐达赖喇嘛的金册、金印、玉印、诰命等也珍藏在宫中。这些实实在在的文物是中国形成多民族统一国家的历史见证。布达拉宫中还有许多华美精致的卡垫、华盖、法器、帐幔、锦缎、金银器皿、瓷器和石器等，令人眼花缭乱，叹为观止。

布达拉宫过去曾是西藏政教合一政权的中心，与西藏历史上的重要人物松赞干布、文成公主、赤尊公主和历代达赖喇嘛等有着十分重要的关系，因而有着重大的历史意义和宗教等意义。每逢节日活动，布达拉宫会挤满信仰藏传佛教各民族的佛教徒，是著名的宗教圣地。

布达拉宫依山建造，由白宫、红宫两大部分和与之相配合的各种建筑所组成。众多的建筑虽属历代不同时期建造的，但都十分巧妙地利用了山形地势修建，使整座宫寺建筑显得非常雄伟壮观，而又十分协调完整，在建筑艺术的美学成就上达到了无比的高度，构成了一项建筑创造的天才杰作。布达拉宫的建筑艺术，是数以千计的藏传佛教寺庙与宫殿相结合的建筑类型中最杰出的代表，在中国乃至世界上都是绝无仅有的例证。布达拉宫不仅在整体建筑上有着创造性的高度成就，而且它的各部分的设计、艺术装饰都达到了很高的成就。

1961 年，布达拉宫被中华人民共和国国务院公布为第一批全国重点文物保护单位之一。1994 年，布达拉宫被列为世界文化遗产。

点评

布达拉宫号称“世界屋脊上的明珠”，它的宫殿布局、土木工程、金属冶炼、绘画、雕刻等方面均闻名于世，体现了以藏族为主，汉、蒙、满各族能工巧匠高超的技艺和藏族建筑艺术的伟大成就。

巴黎圣母院：巨大石头的交响乐

巴黎圣母院，法国天主教大教堂，始建于1163年，是巴黎大主教莫里斯·德·苏利决定兴建的。整座教堂在1345年才全部建成，历时180多年。该教堂以其哥特式的建筑风格，祭坛、回廊、门窗等处的雕刻和绘画艺术以及堂内所藏的13—17世纪的大量艺术珍品而闻名于世。

巴黎圣母院，位于法国巴黎塞纳西堤岛的东端，是欧洲早期哥特式建筑和雕刻艺术的代表。集宗教、文化、建筑艺术于一身的巴黎圣母院，原为纪念罗马主神朱庇特而建造，随着岁月的流逝，逐渐成为早期基督教的教堂。

巴黎圣母院是一座典型的哥特式教堂。整个教堂全长130米，宽47米，中部堂顶高35米。全部建筑用石头砌成，拱顶结构轻快，堂内空间宽敞，给人一种秀丽、轻盈和流畅的感觉。它的正面有一对钟塔，主入口的上部设有巨大的玫瑰窗。在中庭的上方有一个高达百米的尖塔。所有的柱子都挺拔修长，与上部尖尖的拱券连成一气。中庭又窄、又高、又长。从外面仰望教堂，那高峻的形体加上顶部耸立的钟塔和尖塔，使人感到一种向蓝天升腾的雄姿。进入教堂的内部，无数的垂直线条引人仰望，数十米高的拱顶在幽暗的光线下隐隐约约，闪闪烁烁，加上宗教的遐想，似乎上面就是天堂。于是，教堂就成了“与上帝对话”的地方。巴黎圣母院是欧洲建筑史上一个划时代的标志。巴黎圣母院坐东朝西，正面风格独特，结构严谨，看上去十分雄伟庄严。它被壁柱纵向分隔为三大块；三条装饰带又将它横向划分为三部分，其中，最下面有三个内凹的门洞。门洞上方是所谓的“国王廊”，上有分别代表以色列和犹太国历代国王的28尊雕塑。1793年，大革命中的巴黎人民将其误认作他们痛恨的法国国王的形象而将它们捣毁。但是后来，雕像又重新被复原并放回原位。“长廊”上面为中央部分，两侧为两个巨大的石质中棂窗子，中间一个玫瑰花形的大圆窗，其直径约10米，建于1220—1225年。中央供奉着圣母圣婴，两边立着天使的塑像，两侧立的是亚当和夏娃的塑像。站在塞纳河畔，远眺高高矗立的巴黎圣母院，巨大的门四周布满了雕像，一层接着一层，石像越往里层越小。大门上的雕刻也是精巧无比，多为描述圣经中的人物，大门正中间则是一幕“最后的审判”。左右两边各另设一个大门，左侧大门是圣母玛利亚的事迹，右侧则是圣母之母——圣安娜的故事，每一个雕塑作品层次分明工艺精细。

巴黎圣母院内，右侧安放一排排烛台，数十支白烛辉映使院内洋溢着柔和的气氛。坐席前设有讲台，讲台后面置放三座雕像，左、右雕像是国王路易十三及路易十四，两人目光齐望向中央圣母哀子像，耶稣横卧于圣母膝上，圣母神情十分哀伤。巴黎圣母院第二层楼是著名的玫瑰窗，色彩斑斓，可不仅仅是装饰，这富丽堂皇的彩色玻璃刻画着一个个的圣经故事，以前的神职人员借由这些图像来做传道之用。巴黎圣母院院内摆置很多的壁画、雕塑、圣像，因此前来观览的游客络绎不绝。圣母院第三层楼，也就是最顶层，雨果笔下的钟楼。从钟楼可以俯瞰巴黎如诗画般的美景，有欧洲古典及现代感的建筑物，欣赏塞纳河上风光，一艘艘观光船载着游客穿梭游驶于塞纳河。

巴黎圣母院教堂内部极为朴素，几乎没有什么装饰。大厅可容纳9000人，其中1500人可坐在讲台上。厅内的大管风琴也很有名，共有6000根音管，音色浑厚响亮，特别适合奏圣歌和悲壮的乐曲。曾经有许多重大的典礼在这里举行，例如宣读1945年第二次世界大战胜利的赞美诗，又如1970年法国总统戴高乐将军的葬礼等。

巴黎圣母院是一座石头建筑，在世界建筑史上，被誉为一级由巨大的石头组成的交响乐。虽然这是一幢宗教建筑，但它闪烁着法国人民的智慧，反映了人们对美好生活的追求与向往。

点评

巴黎圣母院是一座哥特式风格的教堂，是古老巴黎的象征。它矗立在塞纳河中西堤岛的东南端，位于整个巴黎城的中心。它的地位、历史价值无与伦比，是历史上最为辉煌的建筑之一。法国著名作家雨果形容巴黎圣母院是“巨大石头的交响乐”。

金色大厅：神圣的音乐殿堂

金色大厅，全称为维也纳音乐协会金色大厅，又称黄金厅、维也纳爱乐厅，是维也纳也是世界上著名的音乐厅之一。金色大厅并非一座独立的建筑，而是音乐之友协会大楼的一部分，该建筑物中有多个音乐厅，除金色大厅外，还包括勃拉姆斯厅和莫扎特厅等演出大厅以及办公室。金色大厅是维也纳音乐生活的支点，也是维也纳爱乐乐团的常年演出场地。金色大厅，是维也纳最古老、最现代化的音乐厅，是每年举行“维也纳新年音乐会”的法定场所。

金色大厅，位于奥地利维也纳，始建于1867年，1869年竣工，由建筑大师奥菲尔·汉森设计，是意大利文艺复兴式建筑。大厅内共有1654个座位和大约300个站位。外墙黄红两色相间，屋顶上竖立着许多音乐女神雕像，古雅别致。维也纳交响乐团每季度至少在此举办12场音乐会。

金色大厅内有收藏馆，馆分两室。一间是展览，定期举行收藏品展览，供人参观。一间是档案室，一边的书架上放满大量历代手写的、木刻的、铅印的音乐书籍和乐谱；另一边是一排铁箱，藏有音乐大师的乐稿、书信和其他手迹，其中有莫扎特的乐稿《最后一个交响曲》、舒伯特的手稿《未完成交响曲》等。屋子中间是一长排桌子，供研究者查阅资料之用。档案室原为勃拉姆斯的办公室，他临终前一再嘱咐，要把他珍藏的几千册音乐书籍和乐谱全部捐献给档案室。

金色大厅的声音流动性特别好。在这里，弦乐器与木管乐器、木管乐器与铜管乐器的平衡达到了巧妙无比的境界。也正因如此，每年一度的新年音乐会才带给全世界音乐爱好者难以忘怀的视听享受。

金色大厅金碧辉煌的建筑风格和华丽璀璨的音响效果使其无愧于金色的美称。在每年的新年音乐会的电视转播中，全世界的爱乐者都可以在聆听音乐的同时一睹“金色大厅”的风采。自大厅落成那天起，维也纳爱乐乐团就在这里“安营扎寨”了。“金色大厅”与维也纳爱乐之声相得益彰，“世界第一乐团”与“世界首席音乐厅”交相辉映。

金色大厅也见证了中国民乐走向世界的历程。自 1998 年中国民乐乐团第一次在此演出并引起巨大反响，受到热烈欢迎，中国民乐已经开始在世界广泛传播，成为西方上层社会素养和品位的表现。

点评

维也纳的专家们在协会大厦建成 125 周年的研究报告中指出：“金色大厅”的屋顶为平顶镶板，两侧有楼厅和音乐女神的雕像。这些具有美学意义的装饰物使原本直接撞击到墙壁上的乐音有延长和舒缓的作用。“金色大厅”的木质地板和墙壁就像是小提琴的共鸣箱一样，使乐队演奏的声音在厅内振动和回旋，余音袅袅。“金色大厅”的确是独一无二，堪称世界上音响效果最出色的音乐厅。

巴黎歌剧院：金壁辉煌　华美无比

巴黎歌剧院，是一座新巴洛克风格的建筑，是法国上流社会欣赏歌剧的场所，不管内部装饰和外表建筑都极尽华丽之能事。歌剧院由法国建筑师查尔斯·加尼叶设计，被认为是新巴洛克式建筑的典范之一。

巴黎歌剧院，是一座位于法国巴黎，拥有2200个座位的歌剧院。早在17世纪时，意大利歌剧就风靡整个欧洲，称霸歌剧舞台了。欧洲各国的作曲家因而致力于发展本国的歌剧艺术，与意大利歌剧相抗衡，与宫廷贵族追求时髦的庸俗趣味进行斗争。就是在这一时期，法国吸取了意大利歌剧的经验，创造出具有本国特色的歌剧艺术，法国歌剧也由此发展起来。法国歌剧艺术风格的形成，推动了法国将建立自己的歌剧院。1667年，法国国王路易十四批准建立法国第一座歌剧院。1671年3月19日，由佩兰、康贝尔和戴苏德克负责建造了“皇家歌剧院”，它就是巴黎歌剧院的前身。歌剧院于1763年被毁于大火。1860年，年仅35岁的查尔斯·加尼叶承担了新歌剧院的设计重任，1875年新的歌剧院建成，这是举世公认的第二帝国时期最成功的建筑杰作。建筑正面雄伟庄严、豪华壮丽，透过歌剧院广场及歌剧院大街，可以直视国王宫殿及卢浮宫博物馆。

巴黎歌剧院长173米，宽125米，建筑总面积1．12万平方米，拥有座位2200个。歌剧院有着全世界最大的舞台，可同时容纳450名演员。歌剧院里演出大厅的悬挂式分枝吊灯重约8吨。其富丽堂皇的休息大厅堪与凡尔赛宫大镜廊相媲美，里面装潢豪华，四壁和廊柱布满巴洛克式的雕塑、挂灯、绘画，有人说这儿豪华得像是一个首饰盒，装满了金银珠宝。该厅长 54 米，宽 13 米，高 18 米。它艺术氛围十分浓郁，是观众休息、社交的理想场所。

巴黎歌剧院的大铜顶有千吨重，拱门守着入口，煞是气派。一入内所见的玄厅，有许多大音乐家的石雕像，雕塑之细致、雕塑之传神，犹如大师再生。里面的装潢更是红沙发、红布幔、红丝绒壁纸的水晶大吊灯，重要的是它演出的品质也与它的装潢有同样高的水准。一进入歌剧院，马上就会被壮观的大楼梯吸引，大理石楼梯在金色灯光照射下更加闪亮，据说是被当时贵族仕女的衬裙擦得光亮的，可以想见歌剧院当时的盛况。大楼梯上方天花板上则描绘着许多寓言故事。大楼梯两侧是歌剧院的走廊，这些走廊提供听众在中场休息时社交谈话的场所，精美壮观程度不亚于大楼梯，加尼叶构想将大走廊设计成类似古典城堡走廊，在镜子与玻璃交错辉映下，更与歌剧欣赏相得益彰。

巴黎歌剧院的地下歌剧魅影是十分著名的，“歌剧魅影”的故事就发生在巴黎歌剧院。这个歌剧院，因为有着复杂的结构和悠久的历史，本身就充满了神秘的色彩。该剧院有 2531 个门，7593 把钥匙，9. 66 千米长的地下暗道。而且，更惊人的是，在歌剧院的最底层，有一个容量 4839 立方米、深 6 米的蓄水池。如果观众走到地下室的最下面一层，就可以看到它漆黑黏稠的水面。歌剧院每隔十年左右就要把这里的水全部抽出，换上清洁的水。据说这个水池是当年在修建歌剧院，发掘地下室的时候，不小心碰到地下水形成的。当时的建筑师查尔斯·加尼叶花了 8 个月的时间把所有的水抽干，但是为了使建筑物的地基坚固，他设计的地下室的墙和地板都用了双层的防水结构。之后，他把最后一层充水，让水把墙的缝隙填满，使之更加坚固。本来只是偶然设计的结构，但是在层层的地下室之下，忽然出现水池，竟然为电影造出了摇曳的灯光和形状古怪的小船。

点评

巴黎歌剧院是举世公认的第二帝国时期最成功的建筑杰作。建筑正面雄伟庄严、豪华壮丽，透过歌剧院广场及歌剧院大街，可以直视国王宫殿及卢浮宫博物馆。

圣彼得大教堂：世界第一大教堂

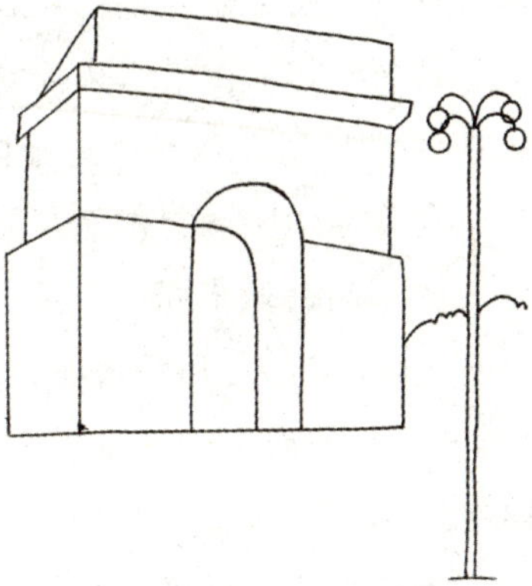

圣彼得大教堂，罗马基督教的中心教堂，欧洲天主教徒的朝圣地与梵蒂冈罗马教皇的教廷，是全世界第一大教堂。

圣彼得大教堂，位于梵蒂冈，最初由君士坦丁大帝于公元 333 年在圣彼得墓地上修建，称老圣彼得大教堂，于公元 326 年落成，为巴西利卡式建筑。16 世纪，教皇朱利奥二世决定重建圣彼得大教堂，并于 1506 年破土动工。在长达 120 年的重建过程中，意大利最优秀的建筑师布拉曼特、米开朗基罗、德拉·波尔塔和卡洛·马泰尔相继主持过设计和施工，直到 1626 年才正式宣告落成，称新圣彼得大教堂。1870 年以来的重要宗教仪式均在此举行。登上教堂正中的圆穹顶部可眺望罗马全城。在圆穹内的环形平台上，可俯视教堂内部，欣赏圆穹内壁的大型镶嵌画，多为米开朗基罗、拉斐尔等的壁画、雕塑艺术。

圣彼得大教堂是现在世界上最大的教堂，总面积 2. 3 万平方米，主体建筑高 45. 4 米，长约 211 米，最多可容纳近 6 万人同时祈祷，只不过必须衣冠整齐并通过安检才可以进入教堂。

圣彼得大教堂下面的廊檐上方有 11 尊雕像，中间是耶稣基督；两侧各有一座钟，右边是格林尼治标准时间，左边是罗马时间。大殿下面有5扇门，平常一般游客都入中门。如果遇上机会，教徒们就可从右边的圣门进入大殿，不过这需25年才有一次。按规定，每时隔25年的圣诞之夜，圣门打开后由教皇领头走入圣堂，意为走入天堂。其他三门分别是“圣事门”“善恶门”和“死门”。通过中门进入能容纳5万人的圣彼得教堂内部，呈现在眼前的简直是一座艺术宝库。屋顶和四壁都饰有以《圣经》为题材的绘画，不少是名家作品。最引人注意的雕刻艺术杰作主要有三件：一是米开朗基罗24岁时雕塑作品。圣母怀抱死去的儿子的悲痛感和对上帝旨意的顺从感在作品中刻画得淋漓尽致。这里所表现的圣母痛苦状与米开朗基罗以后的作品迥然不同；二是贝尔尼尼雕刻的青铜华盖。它由4根螺旋形铜柱支撑，足有5层楼房那么高。华盖前面的半圆形栏杆上永远点燃着99盏长明灯，而下方则是宗座祭坛和圣彼得的坟墓，只有教皇才可以在这座祭坛上，面对东升的旭日，当着朝圣者举行弥撒；三是圣彼得宝座。这也是贝尔尼尼设计的一件镀金的青铜宝座。宝座上方是光芒四射的荣耀龛及象牙饰物的木椅，椅背上有两个小天使，手持开启天国的钥匙和教皇三重冠。传说这把木椅是圣彼得的真正御座，后经考证为加洛林国王泰查二世所赠送。除此三件艺术杰作外，站在米开朗基罗设计的穹窿顶下抬头上望，你会感到大堂内的一切都显得如此渺小。穹顶周长71米，为罗马全城的最高点。

圣彼得大教堂正前的露天广场就是闻名世界的圣彼得广场，建于1667年，主持设计施工的是一位那不勒斯人。他的手笔赋予了广场上排成四行的284根托斯卡拉式柱子永恒的生命，柱子上方那美妙绝伦的圣者塑像400年来一直诉说着当年这个才华横溢的建筑天才的名字：贝尔尼尼——巴洛克艺术之父。

圣彼得大教堂整栋建筑平面走势是一个十字架结构，造型充满神圣的意味。教堂内部装饰华丽，华丽到令人惶恐不安，令人窒息。现在我们见到的教堂中央著名的大拱形屋顶是米开朗基罗的杰作，双重构造，外暗内明。对于这个大圆顶，曾有过百年的波折，最先是布拉曼特于1506年设计，1514年他去世后拉斐尔接过了它。6年后，拉斐尔也去世了，教会对教堂顶部借鉴哥特式的设计，强调黑暗与光明的对比，采用了玫瑰花窗，于是出于对教堂入口处的光线对比效应的考虑，圆顶被取消。后来米开朗基罗在 71 岁高龄时接任了这项工作，以“对上帝、对圣母、对圣彼得的爱”的名义，恢复了圆顶。

圣彼得大教堂北面有著名的梵蒂冈望景楼，一座有几百英尺长的建筑物，把梵蒂冈宫和由罗马教皇英诺森特八世在一座小山顶上建造的望景楼别墅连接起来。

点评

圣彼得大教堂是一座长方形的教堂，整栋建筑呈现出一个希腊十字架的结构，造型是非常传统而神圣的，这同时也是目前全世界最大的一座教堂。圣彼得大教堂是一座富丽堂皇值得参观的建筑圣殿，它所拥有多达百件的艺术瑰宝，更被视为无价的资产。

圣索菲亚大教堂：拜占庭建筑和艺术成就的结晶

圣索菲亚大教堂，建于东罗马皇帝统治时期，是拜占庭建筑与艺术最辉煌的代表。这座带有圆顶的高大明朗的大教堂，气势十分宏伟，堪称拜占庭艺术的结晶。公元 325 年，君士坦丁大帝为供奉智慧之神索菲亚，建造了圣索菲亚大教堂，成为拜占庭帝国极盛时代的纪念碑。公元 532 年，圣索菲亚大教堂毁于一场暴乱。公元 537 年，查士丁尼皇帝为标榜自己的文治武功，决定进行重建。重建后的圣索菲亚大教堂，比毁坏前的更加辉煌，更加威严。教堂建成后，基督教东方的教堂便有了自己的特点，它不仅用作宗教仪式，还被用作皇帝举行重要国仪的场所。它作为基督教的宫廷教堂，整整持续了 9 个世纪，一直是基督教之东正教的中心教堂。

圣索菲亚大教堂，位于土耳其伊斯坦布尔市，东西长 77 米，南北长 71 米，布局属于以穹隆覆盖的巴西利卡式。教堂中央穹隆突出，四面体量相仿但有侧重，前面有一个大院子，正南入口有二道门庭，末端有半圆神龛。教堂中央大穹隆，直径 32. 6 米，穹顶离地 54. 8 米，通过帆拱支承在 4 个大柱墩上。其横推力由东西两个半穹顶及南北各两个大柱墩来平衡。内部空间丰富多变，穹隆之下，柱列之间，大小空间前后、上下相互渗透。穹隆底部密排着一圈 40 个窗洞，光线射入时形成的幻影，使大穹隆显得轻巧凌空。教堂内部装饰灿烂夺目：墩子和墙上全用彩色大理石贴面，有白、绿、黑、红等颜色，组成各种图案。柱子大多是暗绿色，少数是深红色；柱头一律用白色大理石，镶以金箔。柱头、柱础和柱身的交接线处，都以包金的铜箍镶饰；穹顶和拱顶全用玻璃马赛克作装饰，以金色作底子，也有少量蓝色作底子的。地面上也用马赛克镶嵌成图案，因而上下左右显得金碧辉煌，色彩琳琅满目。

圣索菲亚大教堂既有罗马建筑特色，又有东方艺术韵味，至今仍然是伊斯坦布尔最有名，也是最具代表性的历史建筑。圣索菲亚大教堂的设计，已经充分反映了拜占庭时代艺术家和建筑师的高超艺术、技术水平。

公元1453年，奥斯曼土耳其苏丹穆罕默德攻入君士坦丁堡，踏进了他朝思暮想的圣索菲亚大教堂。他下令将教堂内所有拜占庭壁画用灰浆遮盖住，所有基督教雕像也被搬出，并将大教堂改为清真寺，还在周围修建了4个高大的尖塔，这就是今天我们看到的圣索菲亚大教堂的面貌。

奥斯曼人把圣索菲亚大教堂改为清真寺，不仅是伊斯兰教取代了基督教，而是奥斯曼帝国取代了拜占庭帝国——罗马帝国的彻底灭亡。罗马帝国虽然在延宕了1000余年之后，成为尘封的历史，但是它把古希腊—罗马最珍贵的文化遗产，留给了欧洲，使在“黑暗的中世纪”里沉寂了上千年的欧洲，走向了文艺复兴的辉煌道路。

圣索菲亚大教堂的特别之处在于平面采用了希腊式十字架的造型。在空间上，则创造了巨型的圆顶，而且在室内没有用柱子来支撑。更详细地说，君士坦丁大帝请来的数学工程师们发明出以拱门、扶壁、小圆顶等设计来支撑和分担穹隆重量的建筑方式，以便在窗间壁上安置又高又圆的圆顶，让人仰望天界的美好与神圣。由于地震和叛乱的烧毁，圣索菲亚大教堂经历过数次重修，尤其在公元532年，查士丁尼大帝投入1万名工人、32万黄金、并花费6年光阴将圣索菲亚大教堂装饰得更为精巧华美。神圣的教堂是当时的城市中心，而从统治者对教堂所投注的心力不难看出统治者借由对宗教的奉献，夸示帝国的权力与财富，而对周遭地区施与影响力的用心。在17世纪圣彼得大教堂完成前，圣索菲亚大教堂一直是世界上最大的教堂。

圣索菲亚大教堂内部空间既集中，又曲折多变。教堂的穹顶下空间与南北两侧是明确隔开的，而与东西两侧又统一。这是为了宗教仪式的需要，增大纵深的空间；至于南北两侧的空间，透过柱廊与中央部分相通，它的内部又以柱廊作为划分。这样，层次多了，会引起人们对空间的无限幻觉。教堂内部装饰灿烂夺目：墩子和墙上以彩色大理石贴面，有白、绿、黑、红等颜色，组成各种图案。柱子以暗绿色为主，也有部分是深红色；柱头一律用白色大理石，镶以金箔。柱头、柱础和柱身的交接线处，以包金的铜箍镶饰；穹顶和拱顶全用彩色玻璃马赛克镶嵌了天使及圣徒像作装饰，以金色和少量蓝色作底子。地面上也以马赛克镶嵌成图案，因此上下左右显得金碧辉煌，色彩琳琅满目。

点评

圣索菲亚大教堂既有罗马建筑特色，又有东方艺术韵味，至今仍然是伊斯坦布尔最有名，也是最具代表性的历史建筑。圣索菲亚大教堂的设计，已经充分反映了拜占庭时代艺术家和建筑师的高超艺术、技术水平。圣索菲亚大教堂作为世界上唯一从6世纪保留至今的古代建筑，也是唯一一个由教堂改为清真寺的建筑。圣索菲亚大教堂是属于基督徒和穆罕默德信徒共有的一个宗教博物馆。

未来建筑猜想

绿色建筑：人类的绿色梦想

绿色建筑，是指为人们提供健康、舒适、安全的居住、工作和活动的空间，同时在建筑全生命周期中实现高效率地利用资源、最低限度地影响环境的建筑物。

所谓“绿色建筑”的“绿色”，并不是指一般意义的立体绿化、屋顶花园，而是代表一种概念或象征，指建筑对环境无害，能充分利用环境中的自然资源，并且在不破坏环境基本生态平衡的条件下建造的一种建筑，又可称为可持续发展建筑、回归大自然建筑、节能环保建筑等。

绿色建筑的室内布局十分合理，尽量减少使用合成材料，充分利用阳光，节省能源，为居住者创造一种接近自然的感觉。以人、建筑和自然环境的协调发展为目标，在利用天然条件和人工手段创造良好、健康的居住环境的同时，尽可能地控制和减少对自然环境的使用和破坏，充分体现向大自然的索取和回报之间的平衡。绿色建筑的基本内涵可归纳为：①减轻建筑对环境的负荷，即节约能源及资源；②提供安全、健康、舒适性良好的生活空间；③与自然环境亲和，做到人及建筑与环境的和谐共处、永续发展。

绿色建筑设计理念包括节约能源，充分利用太阳能，采用节能的建筑围护结构以及采暖和空调，减少采暖和空调的使用。根据自然通风的原理设置风冷系统，使建筑能够有效地利用夏季的主导风向。建筑采用适应当地气候条件的平面形式及总体布局；节约资源，在建筑设计、建造和建筑材料的选择中，均考虑资源的合理使用和处置。要减少资源的使用，力求使资源可再生利用；节约水资源，包括绿化的节约用水；回归自然，绿色建筑外部要强调与周边环境相融合，和谐一致、动静互补，做到保护自然生态环境；舒适和健康的生活环境，建筑内部不使用对人体有害的建筑材料和装修材料。室内空气清新，温、湿度适当，使居住者感觉良好，身心健康。

绿色建筑的建造特点包括对建筑的地理条件有明确的要求，土壤中不存在有毒、有害物质，地温适宜，地下水纯净，地磁适中。绿色建筑应尽量采用天然材料。建筑中采用的木材、树皮、竹材、石块、石灰、油漆等，要经过检验处理，确保对人体无害。绿色建筑还要根据地理条件，设置太阳能采暖、热水、发电及风力发电装置，以充分利用环境提供的天然可再生能源。

随着全球气候的变暖，世界各国对建筑节能的关注程度正日益增加。人们越来越认识到，建筑使用能源所产生的二氧化碳是造成气候变暖的主要原因。节能建筑成为建筑发展的必然趋势，绿色建筑也应运而生。

绿色建筑是追求自然、建筑和人三者之间和谐统一，并且符合可持续发展要求的建筑，其核心内容是尽量减少能源、资源消耗，减少对环境的破坏，并尽可能采用有利于提高居住品质的新技术、新材料。

点评

推进绿色建筑发展，要大力宣传在建筑领域推进可持续发展的必要性，增强危机意识。推进绿色建筑发展要各方面通力合作，绝非建设部门一家之事。要针对有关建筑用的不同资源，制定分步的节约、代用、再生利用的实施目标和技术措施。加大研究开发力度，调动各方面的积极性筹集资金，群策群力集思广益，研究解决推进绿色建筑所需的单项和综合技术及其生产、工程应用问题，为发展绿色建筑提供技术保障。

生态建筑：建筑设计发展的方向

生态建筑，是根据当地的自然生态环境，运用生态学、建筑技术科学的基本原理和现代科学技术手段等，合理安排并组织建筑与其他相关因素之间的关系，使建筑和环境之间成为一个有机的结合体。同时具有良好的室内气候条件和较强的生物气候调节能力，以满足人们居住生活的环境舒适，使人、建筑与自然生态环境之间形成一个良性循环系统。

生态建筑，是指具备了生态性质，适应自然生态良性循环基本规律的一类建筑。它是以生态原则为指针，以生态环境和自然条件为价值取向所进行的一种既能获得社会经济效益，又能促进生态环境保护的边缘生态工程和建筑形式。

当今世界，人口剧增、资源锐减、生态失衡，环境遭到严重破坏，人类生存和发展与全球的环境问题越演越烈，生态危机几乎到了一触即发的程度。在严峻的现实面前，人们不得不重新审视和评判我们现时正奉为信条的城市发展观和价值系统。

为了建筑、城市、景观环境的“可持续”，建筑学、城市规划学、景观建筑学学科开始了可持续人类聚居环境建设的思考。许多有识之士逐渐认识到人类本身是自然系统的一部分，它与其支撑的环境休戚相关。在城市发展和建设的过程中，必须优先考虑生态问题，并将其置于与经济和社会发展同等重要的地位上；同时，还要进一步高瞻远瞩，通盘考虑有限资源的合理利用问题，即我们今天的发展应该是“满足当前的需要又不削弱子孙后代满足其需要能力的发展”。这就是1992年联合国环境和发展大会《里约热内卢宣言》提出的可持续发展思想的基本内涵，它是人类社会的共同选择，也是我们一切行为的准则。建筑及其建成环境在人类对自然环境的影响方面扮演着重要角色，因此，符合可持续发展原理的设计需要对资源和能源的使用效率、对健康的影响、对材料的选择等方面进行综合思考，从而使其满足可持续发展原则的要求。近几年提出的生态建筑及生态城市的建设理论，就是以自然生态原则为依据，探索人、建筑、自然三者之间的关系，为人类塑造一个最为舒适合理且能可持续发展的环境理论。生态建筑是21世纪建筑设计发展的方向。

生态建筑涉及的面很广，是多学科、多工种的交叉，是一门综合性的系统工程，它需要整个社会的重视与参与。它是将人类社会与自然界之间的平衡互动作为发展的基点，将人作为自然的一员来重新认识和界定自己及其人为环境在世界中的位置。生态建筑不是仅靠几位建筑师就可实现的，更不是一朝一夕就能完成的，它代表了新世纪的方向，是建筑师应该为之奋斗的目标。一般来讲，生态是指人与自然的关系，那么生态建筑就应该处理好人、建筑和自然三者之间的关系，它既要为人创造一个舒适的空间小环境；同时又要保护好周围的大环境——自然环境。这其中，前者主要指对自然资源的少费多用，包括节约土地，在能源和材料的选择上，贯彻减少使用、重复使用、循环使用以及用可再生资源替代不可生资源等原则。后者主要是减少排放和妥善处理有害废弃物（包括固体垃圾、污水、有害气体）以及减少光污染、声污染，等等。对小环境的保护则体现在从建筑物的建造、使用，直至寿命终结后的全过程。以建筑设计为着眼点，生态建筑主要表现为利用太阳能等可再生能源，注重自然通风，自然采光与遮阴，为改善小气候采用多种绿化方式，为增强空间适应性采用大跨度轻型结构，水的循环利用，垃圾分类、处理以及充分利用建筑废弃物等。仅以上几个方面就可以看出，不论哪方面都需要多工种的配合，需要结构、设备、园林等工种，建筑物理、建筑材料等学科的通力协作才能得以实现。这其中建筑师起着统领作用，建筑师必须以生态的观念、整合的观念，从整体上进行构思。

生态建筑所包含的生态观、有机结合观、地域与本土观、回归自然观等，都是可持续发展建筑的理论建构部分，也是环境价值观的重要组成部分，因此生态建筑其实也是绿色建筑，生态技术手段也属于绿色技术的范畴。

点评

所谓生态建筑，是指充分利用自然资源，并以不破坏环境基本生态平衡为目的而建造的建筑物。生态建筑无疑是解决经济发展与环境污染矛盾的有效方法，同时还具有良好的室内气候条件和较强的生物气候调节能力。生态建筑设计应注重把握和运用以往建筑设计所忽略的自然生态的特点和规律，贯彻整体优先的准则，并力图塑造一个人工环境与自然环境和谐共存的，面向可持续发展的未来建筑环境。

智能建筑：未来建筑的重要标志

智能建筑，以建筑物为平台，兼备信息设施系统、信息化应用系统、建筑设备管理系统、公共安全系统等，集结构、系统、服务、管理及其优化组合为一体，向人们提供安全、高效、便捷、节能、环保、健康的建筑环境。

智能建筑的概念，在 20 世纪末诞生于美国。第一幢智能大厦于 1984 年在美国哈特福德市建成。中国于 20 世纪 90 年代才起步，但迅猛发展的势头令世人瞩目。智能建筑是信息时代的必然产物，建筑物智能化程度随科学技术的发展而逐步提高。当今世界科学技术发展的主要标志是 4C 技术（即计算机技术、控制技术、通信技术、图形显示技术）。将 4C 技术综合应用于建筑物之中，在建筑物内建立一个计算机综合网络，使建筑物智能化。4C 技术仅仅是智能建筑的结构化和系统化。

智能建筑通过对建筑物的 4 个基本要素，即结构、系统、服务和管理以及它们之间的内在联系，以最优化的设计，提供一个投资合理又拥有高效率的幽雅舒适、便利快捷、高度安全的环境空间。智能建筑能够帮助大厦的主人，财产的管理者和拥有者等意识到，他们在诸如费用开支、生活舒适、商务活动和人身安全等方面得到最大利益的回报。”建筑智能化结构是由三大系统组成：楼宇自动化系统、办公自动化系统和通信自动化系统。

智能建筑，将是人类创造更多物质财富和提高生活质量的基础设施。人类社会经历了农业社会和工业社会，现在知识经济社会正初见端倪。在农业社会，人类的生产以农场工作为主；工业社会，则以工厂为主；而在知识经济社会，重要生产场所将过渡到智能建筑之中。今后建筑科技的发展，将进一步围绕保护环境，节省资源，降低能耗，改善人类社会生产、生活条件，努力开发应用高新技术建设智能、节能、生态、太阳能等各种新型建筑，充分满足社会的需求。

未来智能建筑的发展趋势是：在发展单幢办公楼综合智能化大楼的基础上，向各类智能建筑发展，如工厂、医院、宾馆、学校、政府办公楼等建筑；发展大范围建筑群和建筑区的综合智能化社区，或形成建筑智能化市场；在综合智能化社区的基础上，通过社区间广域通信网络、通信管理中心，继而发展智能化城市，即信息化城市和所谓信息化社会。

未来的智能建筑和智能住宅小区将与信息产业相互促进发展，共存共荣，围绕人们生产、生活的综合信息服务将融入社会各个角落。一些人群的工作办公与家居生活环境的界限壁垒将被打破，人与人之间的距离会拉得很近，会实现零时间、零距离的交流，人们的生活观念和生活方式将发生根本性的改变，信息的传输交流多表现高速、宽带和图像为主。在现有智能建筑和智能化住宅小区的基础上将进一步丰富智能化内容，充分利用通信网络、有线电视网络和其他通信网络发展社区以使城市智能化，全社会的综合信息服务网络十分发达。智能建筑、智能小区的提法将逐步淡化，未来21世纪提供人们的信息网络上的站点——智能建筑最终产品，是真正意义上的具有个性化的安全、舒适、便捷、快速、节能、增值、可改造的工作、学习、生活空间，是信息高速公路的节点。

智能建筑是当代科学技术发展的必然产物，尤其是20世纪末，信息科学技术及电子计算机的发展，成为智能建筑产生与发展的重要支柱。建筑业从未经历过像今天这样的重大冲击，可以预见智能建筑将成为建筑革命的先声，成为21世纪的重要产业部门，并进而带动其他行业的发展，乃至成为一个国家科学技术与文化发展水平的重要标志，也是未来建筑的重要标志。

点评

智能建筑是智能建筑技术和新兴信息技术相结合的产物。智能建筑利用系统集成的方法，将智能型计算机技术、通信技术、信息技术与建筑艺术有机的结合，通过对设备的自动监控，对信息资源的管理和对使用者的信息服务及其功能与建筑的优化组合，所获得的投资合理，适合信息社会需要，并且具有安全、高效、舒适、便利和灵活特点的建筑物。智能建筑已经成为建筑行业和信息技术共同关心的新领域。

太阳能建筑：太阳能与建筑的完美结合

太阳能建筑，就是经过良好设计，达到优化利用太阳能的建筑。太阳能建筑，即用太阳能代替部分常规能源为建筑物提供采暖、热水、空调、照明、通风、动力等一系列功能，以满足或部分满足人们的生活和生产的需要。

太阳能建筑对太阳能的应用包括了被动应用、主动应用和综合应用等多种途径。被动应用：它是一种完全通过建筑朝向和周围环境的合理布置、内部空间外部形体的巧妙处理以及材料、结构的恰当选择，集取、蓄存、分配太阳热能的建筑。其工作机理主要是“温室效应”，如被动式太阳房等。主动应用：即全部或部分应用太阳能光电和光热新技术为建筑提供能源。如太阳能采暖系统，由太阳集热器，管道、风机或泵、散热器及贮热装置等组成；太阳能空调系统，目前采用太阳能溴化锂吸收式空调系统为建筑制冷；太阳能热水系统，应用太阳能集热器组成集中式或分户式太阳能热水系统为用户提供生活热水；太阳能光电系统，应用太阳能光伏电池、蓄电、逆变、控制，并网等设备构成太阳能光电系统。综合应用：即从建筑保温隔热材料的开发、自然采光通风功能的实现。太阳能光热光伏技术的应用到遮阳、光影和舒适环境的创造，全方位地、综合地对太阳能资源进行应用。